不改革，就淘汰！

Reform Leads to Success!?

談企業變革與核心競爭力

施耀祖——著

序

二〇〇九年底的金融風暴在毫無預警中侵襲全球，不僅始作俑者的金融業遭受有史以來的重創，大部份的產業也受到池魚之殃，營收在瞬間大幅度的衰退，小至個人的薪資與資產縮水，大至國家整體產值下降，幾無一倖免，牽連之廣前所未見。

同一時間，地球暖化導致氣候巨烈變遷所引發的豪雨成災到處肆虐，農作物相繼欠收；由眾多海島組成的島國：馬爾地夫，破天荒的將內閣會議移至海中舉行，突顯可能被海水吞噬的亡國危機，喚醒世人對暖化問題的注意，也讓人連想到災難電影《明天過後》中描繪紐約陷入寒冬的情景可能成真。

H1N1新流感病毒也在此時突然現身，聯合國所屬的世界衛生組織（WHO）

提出嚴重的警告，預測全球可能逾百萬人因而喪命，讓全球各國家的衛生防疫機構如臨大敵嚴陣以待。

時間往回追溯，中國大陸的汶川大地震和東南亞海嘯，轉眼間無數鄉鎮被完全夷平，死傷人數均以成千上萬計，令人聞之色變。

二十一世紀才剛開端，災難的鐘聲就到處響起，不禁讓居住在地球的人類深刻地警覺世界確實在加速變化之中，如果不能預先防範，建立有效的制度和方法應對變局，某個突發的狂潮可能在一夕之內摧毀數千年辛苦建立的大部份基業，某些古文明和遠古物種不可置信的突然消逝或許是例證。

身為社會公民一分子的企業，不僅得面對所處產業日益激烈的競爭，大環境中任何一項非可控制之變化都可能影響到企業的發展與生存，有健全的體質，事先做好準備以應不時之需，才是企業身處變局最佳自處之道。但是知易行難，我們都知道日行一萬步、多蔬果少肉、少菸少酒、睡眠充足不熬夜有益健康，然完全奉行者幾稀？大部的人都在健康亮起紅燈後，才幡然醒悟，尤其是忙碌成習的企業人士。

顯然明確的警訊是促使企業跨過知易行難鴻溝的金鑰，正確的應對之道則在企業調整應變過程中提供一臂之力。

往前埋頭疾走趕路的旅人，不會注意到遺落在腳邊的黃金。

當企業經營者終日忙碌工作拚命向前衝時，輕忽企業體質和週遭環境潛在的變化，就如同忽視個人健康一般的自然；如果有人適時的提供完整的資訊並客觀的提點，天性敏銳的企業經營者焉有不停下腳步，俯身撿拾掉落在腳邊的黃金並即時補綴漏洞，甚而因此籌思建構一口更堅固的箱子好盛裝更多的黃金。

企業變革聽起來彷如政治革命般的血腥而令人畏懼，其實本質上只是提醒企業經者不要忽視了自身與環境的劇烈變化所需的提前準備，如何善加運用經營分析的工具找到企業經營潛在卻可能被忽略的重大問題和根源，由策略的形成要素解析檢測企業真實的強弱，由知已知彼中找到未來努力的正確方向，並建立一個不同於以往有效率的優質團隊好對應瞬息萬變的未來。

本書匯集的諸篇文章，篇篇都是實務經驗的濃縮之作，雖各自分離但前後隱然串連自成脈絡，對實事求是的企業經營者而言，或可由其中得一些啟示。

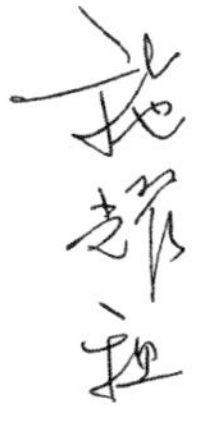

1 企業的存續

從宏觀的角度觀察人的成長歷程可歸納出一定的軌跡，企業的成長歷程似乎也有類似共通的軌跡可循。

複雜而多樣的人生，由簡單的四個字：生、老、病、死，即精準而傳神的描繪了人生共有的歷程。由生開始以死終結，中間夾雜了人生旅程中無可避免椎心刺骨的波折，如果細膩些往深層琢磨體會，隱約可以感覺到有一樣看似抽象難以捉摸的東西它連結了人生的各個階段，大大小小的事情都由它串接成令人驚嘆不已各不相同多采多姿的人生，它就是「改變」。

從產房中傳出的嘹亮的哭聲開始，到靜悄悄的嚥下最後一口氣離開塵世，其中外觀形體由俊俏苗條轉為蒼老臃腫，最讓人感嘆歲月不饒人；心智、心態、觀念，隨年齡和境遇而異由青澀而成熟；健康、財富、朋友、感情則隨時間起伏不定。人藉由不斷的調整來對應新的形勢，甚至大幅度的改變方向另創新局，有些人調適得宜，輕易地越過眼前的波折，有些則因閱歷豐富，預知可能發生的狀況而防範在先，比較糟的是變化已經發生卻不知所措，眼睜睜看著變化吞蝕掉可以是美好的人生。

企業生命週期的過程彷如人生，同樣有生老病死的起伏與時間長短之分。有些企業轉瞬間就消失了，有些則長長久久不見終期。在生命週期由成長至衰退的過程中，它隨時得面對企業內在的變動和外在環境的挑戰，和人生一樣的波折不斷，得隨時調整以適應新的情勢；應對得宜的企業，體質因此愈發強健規模也逐漸擴大，應對失據而遲鈍的企業，障礙橫亙在前卻始終無法超越，半途就被淘汰了。

正常人不可能用幼稚園時期的心智和方法來面對青春成長期的問題，也不會以在學時期單純的思想和簡單的技能來應對往後二、三十年的就業生涯，邁入老年時期更得以豁達的心態來面對體力和心智逐漸退化的困擾與憂慮，人生的態度如此，企業在面對變化時不也可以借鏡。

企業從無到有的發展過程中，經由眾人投入的心智和時間的累積，建立了一套獨有的運作機制，由默認的處理慣例逐漸形成企業文化，兩者交互結合維繫企業正常運作而不墜。因為持續成長和外在環境變化等兩大因素，企業永遠處在動態變化之中，現在的運作機制和文化可以讓企業營運持續一段時間，持續時間的長短和產業環境的變動幅度、運作機制與文化的包容彈性有關係，但終究有捉襟見肘之時，這可以從企業整體執行效率的降低和獲利比率的減少初見端倪；表現在外的則是忙亂、出錯、客戶抱怨及人員流動增加，直到各種方法用盡幾近一籌莫展時，才會驚覺或許行之有年並具卓越成效，且目前正在運作的機制和固守的文化可能出了問題。

重新思考何去何從並大幅度改變既有的觀念、體制和做法的事，在政治上甚至可能涉及動武傷及人命的行為被稱之為「革命」，就企業經營而言就是「變革」，都是以摒除舊思唯和舊做法來適應新的形勢、潮流和觀念，以免遭到新時代和進步洪流的吞噬。

小型企業尚處於隨波逐流的階段，得充分而快速的去熟悉與適應環境以求生存，一切尚未定型，絕對的彈性是他們最大的特色並不存在變革的條件；歷史悠久的公司，保守和積弊常使企業難以動彈導致競爭力逐漸流失，變革成為企業回春的唯一之道；變革作業的啟動，將企業所有的問題公開的端上檯面讓組織內的全部成員切身的感受到救亡圖存的危機，這種毫無忌諱的內省，可能因此激起同在一條船的危機感而獲致眾志成城的效果。

2 企業陷入困境的原因？

大小波折的隨機組合，變化出炫麗多采、憂喜交織的各式人生，親身經歷親眼目睹，感受也因此特別深刻。縱然如此，人生中發生的各種問題，依然困擾著大部份的普羅大眾。拜科學進步之賜，社會科學家運用科學方法，從諸多的案例中試圖尋找歸納出一些共同的因子，並建立學說，人們從中獲得一些啟示，建立正確的知識和態度，或多或少的減少了人生悲劇發生的機率，降低了一些痛楚。

企業體同時也被稱為法人，其發展過程類似於人生旅程，得面對成長至衰退的各種階段和階段中相異的波折與困境。管理學界對企業所以產生這些變化的現象和原因，也和社會科學家對人生過程的探究一般，投入長時間的心力並獲致可觀的成就，形成各種學說，運用並記錄在各類的管理案例中。或許行業特性未必完全相同，問題的表相也有差異，但異中有同仍可互為借鏡，他山之石亦可借鏡。

企業體在生命週期各階段所面臨的狀況未盡相同，但各種問題所造成的結果卻都可以從營收、獲利和資產累積的變化數據中顯現。因為環境與競爭者間交互變動的因素，使經營層在一段時間後才真正感覺到成長速度的減緩。減緩的感覺首先由企業體現在的自己和以前的我之間比較而觸發，從持續下滑的營運數字接收到先期訊息；進一步是在和競爭者比較時，從各方面排名或佔有率的持續落後才更清楚地顯現了事實，由於競爭者的經營資訊完整度不足，獲得較明確訊息時已有一段時間落差；最後，並同和大環境的變化狀態與趨勢比較，例如：自身的進步持續的落後於環境的動力與幅度時才完全確認，此時問題因為時間的拖延已經惡化。

許多企業為什麼不能即時反應卻深陷於困境，另人訝異的是絕大部份源自於經營層的過分自信。

當個體與環境都處於動態變化的情境時，以往幫助企業成功的因素和做法，卻未必全然適用於現時的狀態；但這些寶貴的成功經驗早已深深的烙印在掌實權者的腦海中，成為牢不可破、不可更替的企業文化並形諸於運作制度。加上經營者仍保有引以為傲永不衰退的幹勁及強烈的企圖心，企業體似乎沒有理由不能保持強勁的成長力道；過度的自信逼使敏銳的反應、自我反省的能力與大刀闊斧改變現狀的魄力，逐漸退縮到不受注意的角落；再加上不曾間斷但無明顯實質成效的改善措施所形成的煙霧效應，讓企業經營層看不清自身的問題並誤判，所以才會在企業體衰退或落後競爭者達一定幅度時，驟然間感受到切膚之痛。

切膚之痛痛徹心扉，讓經營層乘機痛定思痛再度喚回反省的能力和隨勢調整的柔軟身段。

昔日引以為傲的精神、文化和習以為常的做法，在今日並不是不能被客觀的檢討，再次接受新觀念新做法的挑戰與衝擊並融合成新。經營層如果能牢牢的把握機會，危機反而能轉化為下一階段再度蓬勃成長的契機。那些未深及筋骨和主要結構的外傷和病痛，常能讓停不下來的人不得不放緩步調，喘一口氣並回首來時路，反而可能是另一段不一樣人生的開端。如果囿於過度自信，不能體認時代和環境變遷的事實，頑固的默守成規，其積習與積弊終將成為經營團隊難以撼動的集體習慣，大半輩子辛苦建立的基業因而逐漸凋零者屢見不鮮。

3 企業陷入困境的主要訊息

眼看著嬰兒的身高一眠長一寸，長牙時刻到處找東西啃咬，口齒不清重複的發聲學語和跌跌撞撞的學步，父母親深刻地感受到並沉浸在新生嬰兒成長的焦慮和喜悅中；短暫令父母極度擔憂的叛逆舉止，長鬚、脹奶、骨痛和追求異性或縱情玩樂深夜不歸，我們也都明白這些是青春期必然發生的表徵；成家、立業、生兒育女、努力工作、背負沉重的家計，是往後數十年黃金歲月的生活寫照；有一天當發現齒牙動搖，掉髮居然多到堵住了浴室的排水孔，上醫院的次數增多了，承受不了熬夜後的頭疼和倦怠，這些就是邁入老年的初期訊號；很快地，行動變得遲緩、反應減慢、忘東忘西，此時確知日薄西山老年時期已至，深知來日無多而特別珍惜當下。

人生各階段的歷程中，有許多不同的訊號告訴當事人也讓別人知道目前的狀態。企業營運中有更多的訊息不斷的揭露企業現在的狀態，高階經營層如果頭腦清晰、感覺敏銳、管理經驗豐富且立場超然客觀，可以輕易的由這些訊息中瞭解自身的狀況與變化，進而做出正確的決策當下採取應有的管理作為，引領企業在營運的各階段旅程中，進展的更為順遂。這些訊息藏身在成堆的資料中，經常被眼前急切問題的訊息所掩蓋，如果沒有特別的標註其影響程度，通常不會引起注意。長期忽視的結果，短期現象漸成為積弊而積重難返，當問題引爆不得不處理時，大動干戈在所難免；許多企業的決策層經常得收拾自己所造成的爛攤子，卻冠之以「魄力」，令人失笑。

在資訊泛濫的時代，大部份的訊息混雜交叉同時顯示許多狀態，因為不夠純淨反而干擾了管理者的警戒心和理解力。某些財務數據其深奧與複雜的關連程度也讓高階經營者如墜入五里霧中不知所以。

到底有哪些簡單易懂的訊息能顯示出企業營運將逐漸陷入困境呢？

一、所有員工平均賺錢的能力逐年逐月的下降

這是用來檢視企業支付給所有員工直接入袋的薪資，到底為企業帶來多少的利益。

如果逐年逐月的下降，表示員工的綜合生產力及管理階層的管理能力出現了狀況。它以企業一段期間內的平均每月淨利為分子，以所有員工該時段的平均每月薪資支出為分母，看員工薪資支出與企業報酬獲得之間的報酬率是否符合預期。隱藏在數據後的影響因素非常多，但偏重在「人」，明確的指出現在的一群人和其作事方式存有相當的改善空間。

二、所有員工的流動率逐年逐月的增加

員工毫無疑問是企業營運的主體，留不住人的企業就留不住知識、技術和向心力，三足鼎立支撐企業維持正常的運作效率。

如果流動率維持在高水位或逐步攀升，可以斷言企業必然已陷困境中，隱藏在後反映出來的是企業的政策與管理出了狀況，表相則是經常有優秀的員工

以另有生涯規劃離職他就。

三、品質水準上上下下，長期有下滑的趨勢

產品是銷貨收入主要的也是唯一的來源，它是維繫企業不墜的三大支柱——利潤、人才、品質——其中之一。

不穩定的品質和逐步滑落的水準正是降低營業額的最大殺手，隱喻內部各功能部門的運作機制出了問題，最直接的現象則是接訂單愈來愈難，來客數漸漸減少，抱怨的申訴卻增多了。

這三項主要的訊息，呈現出企業營運攸關管理好壞與變化的狀態與趨勢，提醒經營層在處理現時緊急的問題時，更值得著手深究它背後真正的主因，得想法子從根本解決和改變。

4 企業陷入困境的表面現象

表面現象必然是內部狀態的反映。

高明的中醫師由望、聞、問、切就能由表面現象傳遞的訊息中，藉多年累積的看診病例和經驗，大約判斷出病兆所在。如果要精確的認定還得結合西醫較擅長的科學檢驗方法，如：驗血、驗尿、切片、X光、紅外線、核磁共振造影等驗證。企業的問題和狀態也可以由表面現象顯露端倪，只要經營層細心的體會就可以憑藉多年豐富的管理經驗和知識，判斷該現象背後所隱含的原因、影響層面及嚴重程度；當各種原因糾結在一起，理不出頭緒時，進一步深入探討、檢驗、抽絲剝繭則為必要的手段，彷如中、西醫學的相互為用各取其長。

企業有哪些表面現象？又各自代表什麼意義呢？

一、企業內所有的員工工作的時間越來越長，換言之加班的時間持續拉長，平均總工作時數逐漸攀升，但平均生產力沒有變化。

它代表工作效率出了問題。工作效率由下列的事項組成：計劃的周全、工作程序的順暢、工作人員技巧的熟練、管理階層管理方法的得當、人員的積極度也就是員工的向心力。

加班經常給人一種願意額外負擔責任、工作勤奮和業務繁忙的假象，除了某些不可控制緊急狀況下需以加班應對之外，大部份的加班源自於缺乏妥善的規劃、無效率和工作量分配不均，經營層若被假象矇蔽掉以輕心，真正的問題就難以突顯而演變為沉疴。

二、會議愈來愈多，會議室得事先預訂且時時客滿，各管理階層參加會議的總時問逐漸攀升，參加會議成為他們主要的工作內容，也經常可以看到有人在會議中閉目養神。

會議的主要目的是集思廣益、建立共識與籌思解決問題的周全方法。會議愈來愈多，代表溝通的管道不夠多元與順暢，問題一再發生沒有從根本解決。

順暢溝通建立在溝通之雙方對事情的有清楚認知和能條理闡述的基礎上，問題要從根本解決則需深入瞭解發生的原因，並建立不讓相同問題再度發生的機制。因此會議多代表公司內部的運作連貫性不佳，有漏洞與灰色地帶，規劃與控制的機制不全與功能未發揮。

三、相同的要求、期望與比較，各高層主管在不同的場合中一再的提及，員工視之為陳腔濫調，成為耳邊風。

它代表事情並未因主管的強烈關注而得到徹底的改善。企業各方面進步的主要動力源自於主管階層的企圖心和真知卓見。他們擁有兩項獨特的法寶：權力和能力，當權力的重複運用未見成效時，必然是管理者的能力已產生問題，最終總是以調任來結束亂局。

企業可能陷入困境的表面現象不僅於上述之三大項，還有許許多多大家熟知的細微現象可以用來佐證、強化原先的判斷，或限縮至更精準的範圍。當企業經營層由主要訊息中感覺不對勁的時候，上述重要的表面現象正好用來驗證此感覺是否真實；如果兩者相互印證都朝負向發展時，經營層主管得以進一步的確認企業變革乃勢在必行。當感覺化身為變革的行動並帶來進步的動力時，企業組識則處於經常性充滿活力和有效率的狀態下，自然能從容的應對環境的動盪變化，不致倉促失序。

5 企業變革的啟動者是誰？

從不斷下滑的經營數據，企業經營層心驚於企業體正逐漸走向下坡，但不知谷底何在。眼見組織的擴張並未歇止，表面的忙亂熱絡依然，組織內的成員亦未懈怠，這種情況下正是思考啟動變革的恰當時機。因為現階段所有的努力和作為，已不能為企業帶來實質成長的回饋與止跌回升的效果，企業體基本上陷入「黔驢技窮」的境地，如果再不進行全面追根究底的改變，勢必逐步陷入艱苦經營的行列中。

而誰是讓企業進行全面改變的推手？毋庸置疑參與實際經營的企業最高主管責無旁貸。

企業最高主管因處於最高位之便，可綜攬全局且擁有指揮和決策的絕對權力，各種重要的訊息唾手可得，對現狀與趨勢必然瞭若指掌；而且他們均非等閒之輩，都經過激烈的競逐，能力受到肯定，才能脫穎而出；要不就是曾為企業的創建與成長立過成果令人動容的汗馬功勞，或者他本身就是企業的擁有者。在權力、金錢、名譽和責任心的驅使下，當然對企業的發展投以最深切的關注，卻也常因為其他的因素而干擾他們做出適時與正確的判斷。

譬如他本身就是大部份業務收入的主要承擔者，以致過於忙碌，或專精於某一領域而欠缺綜攬全局的能力，或失之於自信以致錯失變革的良機；有時候董事會適度的提醒、要求與協助，可促使企業最高主管跳出自我設框的限制，坦然面對現實誠懇的擘劃未來。

由發動企業變革的角色來看，企業體內其他高階主管或幕僚，通常微不足道並處境尷尬，因為他們還得背負部份經營效率不佳且難以卸責的指控，也常因為欠缺某些重要訊息，難窺全貌而見解偏差，當然影響力有限和自覺人微言輕，縱使有些看法也不易受到重視。

決策者因為得克服存在心中矛盾複雜的心理，使變革啟動得經過一番內在的掙扎。

他得先承認在他領導下所建立的企業文化和營運模式，現時並未帶來令人滿意的成果，換言之他首先就得否定以前的做法與決策，承認某些缺失，當然也可以把部份原因歸罪於產業環境和經營團隊的其他成員，但終究會損及自尊和顏面而難以坦然接受；再加上變革啟動後企業在轉換的過程中，他得承擔因大幅度變動在未臻穩定前，必然的負成長與如影隨形的質疑聲浪；變革必然涉及組織與人事的變動，領導者還得同時面對舊人情包袱割捨的困難與不盡人情的指責，這些都讓決策者躊躇不前。

皮之不存，毛將焉附！企業本為主體，個人基本上依附企業而存，當企業最高主管把企業未來發展的榮枯置於個人榮辱之上時，他心理的矛盾就可豁然解開。有時候企業的最高主管或許正是企業變革最大的絆腳石，當董事會也體察到這個事實時，換人做做看，反倒成為啟動企業變革的起跑槍聲，為企業帶來一新耳目振奮人心的效果。

員工們由切身實質收入的變化，或許早已感受到企業營運不振的低氣壓，只是苦於不知如何是好，雖然變革會帶來短期的不適，但充滿希望的未來會讓人產生勇氣去面對。

6 變革氣氛的醞釀

企業變革的啟動者，從企業實質表現的成績、各類趨勢的變化、和競爭者比較消長的態勢及企業組織所呈現在外的表面現象，體察到企業變革的必要和適宜發動的時機。然企業變革不論規模大小與範疇，基本上都涉及組織內權責的重分配和營運方式的改變，因此必然影響到組織中大部份的成員，所以企業變革的成功，不僅需要決策者的睿智、堅持和魄力，還得仰賴組織內成員提供建設性的意見和真誠的配合。因此企業變革在啟動前，得費點心思逐步的醞釀出變革的氣氛，為往後變革的展開先期營造一個成功的環境。

如此的準備行為好比一般男女朋友的交往，當一方打定主意視對方就是未來擇偶對象時，必然會花費心思盡量營造出羅曼蒂克的氣氛，讓對方感受到誠意而以身相許。企業變革如果沒有組織內具影響力成員的支持和執行層員工的配合，終究會落入一廂情願的境地，難以獲得啟動者原先期望的成果。

變革氣氛醞釀的第一步，是讓變革起動者對組織運作的負面感受和組織成員的感受融為一體，激發起同仇敵慨一起來迎接改變的念頭。

組織內的成員在企業營收逐漸變質的過程中不會沒有感受，只因受限於資訊的貧乏和實際接觸面的狹隘，故而感受的強度和完整度不如高階主管；加以執行層面執行例行事務的紛雜，這些感受在日常事件處理中偶爾出現或存在於公餘之暇的閒談嬉鬧之中，因為起不了作用很快的成為會心一笑的嬉謔之詞。

變革啟動者在下定決心前，實質上因心有所感而形成定見並擘劃出草案，他得有技巧地把少數人共同的感受和組織內大部份成員的感覺結合在一起。可以利用各種場合清楚的呈現企業目前的狀態與變化，並不忌諱的點出問題發生的原因和未來可能面對更艱險的狀態。如果在說明的過程中，把原因歸罪於組織內的成員，自然引不起共鳴，所以必須以事情的角度切入，謙卑的剖析企業文化的不足和作業程序可以與時俱進調整之處，這些具體而微的事實自然貼近員工內心真實細微的感受而引起迴響。

一、企業的變革建立在新觀念和新做法的基礎上

變革啟動者在體認並融合員工的感受醞釀變革氣氛的時候，得同時灌輸員工一些新的觀念和做法；他可以引用管理前輩所提出的新思唯和其他企業變革成功的案例，讓組織成員知道如果企業採用一些已證實成功的方法執行適度的變革，則企業可以朝著好的方向邁進，透過重複的說明和解釋，自然可以減少組織成員對變革不確性的疑慮。

二、眾志成城，其力斷金

變革啟動者不要忽略了變革前氣氛醞釀對變革成功的助力，他不應是密室中幾個人私下的想法就決定的事。如果能吸引更多人事先的關注，加入更務實的意見和爭取多數人的支持，則變革在還沒有開始的時候，就已經為未來變革的結果醞釀了成功的氛圍。

7 變革是萬靈丹嗎？

一九九五年美籍華人科學家何大一，將二到四種抗愛滋病毒的藥物混合在一起使用，以避免愛滋病毒對單一種藥物產生抗藥性而影響療效，因而大幅度的抑制病毒的複製，使愛滋患者的死亡率降低至百分之二十，並相當程度的提升患者的生活品質，而受到舉世推崇；藥物的組合類似於雞尾酒的調配方式而得「雞尾酒療法」之名。

企業管理問題的類型千奇百種，解決問題的方法一樣得視問題的組合內容，採取類似於雞尾酒調配的模式，才能有效的抑制避免問題再發生。沒有一種管理手法能解決企業發生的所有問題，變革雖然涵蓋的範圍廣泛而深入，但仍有許多涉及根本難以變動的部份非變革作業所及。

例如，經營者心中某些根深蒂固的觀念和習慣性做法，就是變革作業未能克盡其功的因素之一。

無論是多麼成功的經營者，終究不能完全擺脫身為人所具備的未必是好的通性，習慣為其一。重複的行為經時間的淬鍊變成習慣，習慣反過來主宰了人的思想和行為。譬如某些經營者為了避免弊端及失誤，自公司成立以來即親自掌控大宗原物料採購的細節與決策，絲毫不假手於他人，也因此越過制式的請購、採購程序，並把稽核功能放在一邊，形成特例和習慣。

近年來新興國家的興起，對大宗原物料需求殷切，以至大宗物料資源供應吃緊，價格變動劇烈；加上供應鏈的概念逐漸深植企業演變成為競爭利器，採購作業愈發的細緻精準，幾乎已成為供應鏈體系專業團隊合作模式中重要的一環。企業如未能與時並進，常因非適當的採購時機、價格和數量，造成巨額的商業損失或積壓高價位的庫存。高階主管習慣性的例外行為，因為不受稽核制度的約束，成為管理制度的最大缺口，企業變革同樣無能為力。

變革於開始階段，首先得進行詳細的企業診斷以清晰呈現企業問題所在，問題可能尖銳而突顯，經營者如果對某些議題不能坦然的面對事實，採取迴避的態度和狡辯式回應，變革作業自然難以針對這部份提出有效的對策。

比較大規模的調整策略方向、組織體系、人事和作業模式，都會因為不確定與調適期，在一段時間內帶來某種程度的風險。有可能因為部份人員的流失和策略轉向，使銷售體系鬆動讓對手有機可乘，市占率因而衰退或新產品推出的速度減緩，工廠不能如期交付產品受到客戶的責難，最終則是降低企業整體營收水準。經營者對變革的認知不夠清晰、信心度不足時，企業變革的行為常在外界的質疑聲中難以發揮功效。

變革作業不能解決的另一關鍵因素是企業組織執行變革的能力。

執行力的展現與落實，幾乎完全取決於高階管理層對變革作的認可和親身參與深入的程度；徒法難以自行，完整的規劃需藉助擁有實權者在執行面的全力投入，緊盯每一個步驟的進展並串連所有的環節而竟其功。

適度變革的作為，能讓一個已經或即將陷入困境的企業，重新適應現在的競爭環境，邁向更開闊的未來重燃生機。但變革作業和其他管理做法一樣有其侷限性，當根深蒂固的習慣做法和經營者難以撼動的觀念橫梗在前，變革作業極可能徒勞無功。如肇因於經營者個人因素，最終解決之道只有仰賴董事會客觀的體察企業發展受阻真正問題的所在並展現其權力，以更換經營者為惡夢的終結而開啟另一扇希望之門，所以企業所有權和經營權分開的設計，在某些關鍵時刻發揮臨門一腳決定性的功能。

8

變革的範疇

變革是由各種管理項目與方法視需要組合而成的綜合體，涉及的範疇可大可小，沒有範圍的限制，端視企業實際的需要而定，同時也取決於企業對變革風險的承受度。當需要的項目多且風險承受度高，變革可採行的範疇就大；反之則應縮小範疇。範疇之大小，取決於經營決策者的智慧，為免獨斷的風險，在決策之前徵詢多方面的意見是必要的程序；而決策的關鍵則在尋覓適當的切入點，確保切下去的那一刀順利不致橫生枝節，而遵行正確的步驟則可以有效的防止錯誤發生。

變革作業在準備階段通常由企業診斷著手，詳細的診斷可以客觀而清晰的呈現：企業體質、現在狀態、顯性和隱性的問題與肇因，及未來的展望和機會。如果企業診斷未設定範疇，由眾多好手組成和參與診斷的團隊，還得同時提出有前瞻性的全套的企業變革方案，大焉者可涉及企業文化與價值的重塑，小焉者僅及內部功能部門作業程序調整效率提升與組織改變。

以人體健康為喻，當感覺不適而求診時，不論中、西醫均由把脈、觀聞或以各項檢查著手，先瞭解健康狀況，再集結各領域的專科醫生會診，綜合各方意見後提出診治的方向和步驟，因此更清晰明確。

治療的方式有從表相著手解一時之痛者，也可能得要求患者改變生活習慣、飲食、居家環境或心態，結合強化身體免疫力、施用藥物或手術，達到表裡兼具的療效。對症下藥與作育英才因材施教的做法雷同，都著眼於差異的概念，擬人化的企業於變革作業時，同樣有類似針對性的特質。管理的範疇基本上就是變革關注的範圍。

管理處理的對象不外乎「事」與「人」，先有事情發生才需要對應的人來處理；因為人的多樣性使事情由單純轉趨複雜，兩者相互糾結纏繞，使事情愈發難解，終至喪失競爭力。

企業中的事情可分為：策略、作業程序、使用工具、控制和效率五大面向；由事的角度來看人則通常可分為：職務、組織架構、能力養成、激勵與報酬等五大部份。管理方法不斷細緻化與精進的結果，由不同角度解析管理行為的心得與學說百花齊放五花八門，反而使經營者墜入五里霧中無所適從。回歸管理的本質，最原始的「事」與「人」反倒能突顯出管理的樸質本色，清晰易懂，由此著手，脈絡清晰浮現，有助於變革作業的正確決策。

當事理邏輯清晰，自能免於心浮氣躁轉而胸有成竹氣定神閒。

9 變革適用於什麼企業？

企業面對和處理的問題隨時而異，企業掌舵者但憑個人對行業的敏銳度和獨特的判斷力，決定輕重、配置資源並擇定方法；雖說運用之妙存乎一心，但遵循的原則如一：有限的力量得用在最能發揮效益的刀口上，因此不同時期做法相異。

草創初期企業全副心力集中在產品開發、上市、體認客戶的反應和建立商品交易網絡，還得不時面對資金不足的窘境四處籌措，此時基本管理制度貧瘠尚待建立，一切以站穩腳步為優先；當腳步站穩後企業進入快速成長階段，此時最重要的是網羅人才和健全完整的制度；隨後向上衝刺營收邁向頂峰，雖然問題層出不窮，但在營收亮麗的光照下，經營者沉浸在接收成果的歡愉自得和憧憬未來的美夢中，變革的念頭可能一閃即過不以為意；當企業成長停滯並逐漸滑落，而且從變化趨勢中看不到反轉跡象時，徹底的改變才被慎重考量成為此階段唯一就亡圖存之道。換言之曾經有一段榮景，目前正處於低潮期且一愁莫展的企業其實質與心理狀態皆已成熟，是實施變革最適切的對象。

變革作業客觀徹底的剖析企業現狀、尋找新的方向、調整組織架構和建立具開創性的作業模式，可一掃低迷的沉霾再創高峰因而受到青睞。

部份的企業變革作業提前在營收創高峰時就發動，肇因經營者體會花無百日紅的道理，明白沒有一種狀態可以在競爭者環伺及環境快速變遷下永遠領先不變，好還可以更好，改變永無止盡的觀念是促使企業持續進步的原動力。這類企業大部份是該行業中首屈一指的佼佼者，視變革作業為一段時期內必須執行的例行作業，以擁抱變革的心態面對，而非視為洪水猛獸，因此這類型企業的適應能力和彈性特別強，在整體表現上長時間的領先群倫。

瀕臨倒閉的公司是倚賴變革的另一種典型。

因為僵固、缺乏彈性、喪失效率和競爭力，解體、消滅勢所難免人盡皆知，促使企業內絕大部份的成員對變革作業不再排斥，深知皮之不存毛將焉附，反而對變革轉而支持。這類的變革作業幅度最大，雖仍難免小部份的反抗，但終究難敵情勢而消散，因為是破斧沉舟退無可退，其成果反倒令人讚嘆。

若以企業規模的大小看變革作業的需要性，則資源豐富的集團企業，因組織錯綜複雜，指揮和報告體系繁複，作業方式多元，雖然可用資源豐富，卻常因彈性不足導致效率低落反而抵消了資源充裕所應帶來的綜合效益，特別需要運用變革手法，以整體的角度制定最適切的運作模式。

集團企業中單一個體的改善成效經常被整體運作的牽絆而抵消，某些好意見常因訊息傳遞的管道過長，在傳送途中就已變質、變調或消失。當個人努力的成效難以突顯時，整體的表現自然受限。

變革作業係由制高點適切的指出問題所在，藉全面配套式的解決方案為企業集團帶來巨大的效益。

10

變革作業通常需要多久的時間？

變革作業若不計入實踐階段，則以「經營分析」為始，「獲得方法」為終。

適用變革作業的企業，基本上具一定的規模，成立的時間較長，企業的組成相對複雜，欲釐清企業問題的因果關係，得完全「瞭解」企業生態和目前之營運作業模式；具嚴謹邏輯推理手法的「經營分析」或稱為「企業診斷」，是建立此基礎的最適當途徑。

透過一定的步驟和方法，分析診斷一個具備完整功能單位的事業單位大約得花費三到四星期，事業單位愈多，所需時間以正比累計；如事業單位之間的經營型態相近，時間可大幅縮短。一般中型企業集團，一個事業部所包含的事業單位數目約為三到五個，因此經營分析免不了得耗費數月，藉以清晰的展現企業狀態，作為提出開創性做法最重要的依據，因此投入之人力、物力和時間等資源相對值得；此等同於醫生開立處方前，得執行各種相關檢查援引為據，避免「想當然爾」而誤判。

通常「策略分析」緊接經營分析之後為變革作業的第二階段。僵化不變、模糊不清、方向錯誤或過於躁進的策略，通常是企業表現江河日下的罪魁禍首。

策略分析運用系統化的檢核表，明確界定企業的核心競爭力與核心缺陷；於龐雜數據資料堆中驗證檢視策略方向之良莠；藉交叉比對和主管們的直接對話與討論，評估各種策略的風險和效益；全程大約需要一到兩個月的時間來確定未來恰當的策略方向。

明確和有效率的作業程序是策略落實的基礎，策略方向不同，對應之作業程序自然相異。

作業程序改變又名之為「作業程序改造」，它以策略為方向，由事情處理的角度設計最適切的程序和方法；因為作業程序涉及所有的作業細節，是變革作業中最繁複耗時的部份，得動員各部門的人力反覆的磋商、協調和討論，同時得在新的作業程序中加入新觀念和管理精神，並推估增加之效益是否滿足策略目標的要求，所需時間約三到六個月或更久，端視各單位的配合效率與作業複雜度而定。

規劃新作業程序時，必然涉及組織定位和架構調整。人因事而設，當處理事情的作業程序完成時，它所需的組織架構也同步確定，這是作業程序改造過程中一併得到的結果。有些企業未由處理事情的合理程序安排組織架構，反其道先設立組織再設計作業程序，使組織成為企業運作無效率的根源。

組織定位和架構調整通常亦稱之為「組織變革」，它也是企業變革作業的一環。

組織變革如欲竟其全功，可進一步深入界定組織中各項職務的「職能」，在職能要求標準條件下選擇適當的人擔任，並確定符合策略方向的「主要績效指標」和管控方式，這些規劃項目都是由經營分析、策略分析及作業程序改造衍生而來。每一個單項所需的時間由一個月至二、三個月不等，因此變革作業的全程時間約略在一年左右。

11

變革作業得耗費多少人力資源？

人力是執行變革作業最主要投入的資源，也是影響成效的關鍵因素。許多的企業將直接生產力視為管理良莠的唯一指標，因此將人力資源全部投入在可直接產出成品的事務上，並深信這一群龐大的人力，有責任也有能力同時解決各種類型的問題，包括絕大部份事務執行者最欠缺的規劃和創新，但輕忽了以下存在的事實：大部份的人在同一時間只能處理一件事情。

能在繁雜、緊急和冷靜思考間，快速隨意的轉換心境和思序，而不損及工作品質的人微乎其微。

魚和熊掌難以兼得，在現有的組織架構下執行變革作業，冀望展現好的成果顯然不切實際。簡而言之，一段時間內專心和全力投入是執行規劃和創新的基本條件。

變革作業不僅得界定企業策略的新方向，還得規劃細部作業程序、調整組織並評估風險、拿捏尺度和估算效益，不是經營者下達指示後，任憑原有的組織體系和作業模式，即會依往例自動進行的事情。它必須在現有組織中，挑選具備規劃能力、有開創性想法和邏輯思慮清晰經驗豐富的精英，脫離現有職務各種瑣事的羈絆，組成變革作業的核心團隊，在心無旁騖的環境中為企業的未來大計分析、規劃並負責。

變革作業開始階段，因為得分析企業的現狀和認清體質，除了少數的核心成員全時全程參與外，每一個功能單位的主要成員和相關作業執行者，都得挪出時間接受顧問群深入的訪談和整理歷年變化與現狀資料，並確認資料來源與組成的正確性，此時人力資源的投入屬於密集短期的型態。隨後之策略分析，變革作業的發動者及經營團隊的核心成員，毫無疑問必須全程參與和顧問群共同討論與辯證，藉以準確的擘劃企業未來的策略方向。

掌理企業營運的核心成員，在策略分析和討論的過程中不應有任何藉口遺漏任何一場的討論，否則易陷入不知所以或因前後關連中斷，使未來諸多的策略間產生相互扞格與矛盾。進入作業程序再造階段，為了確保未來的策略要求融入新的作業程序中，除了各功能單位主管及相關執行者，在重建所屬單位新作業程序時必須完全投入外，其直屬督導主管的全程參與，可以保證新作業程序將涵蓋新的管理觀念，確保未偏離策略規劃方向。

作業程序再造涵蓋各面向及涉及所有單位，因此極為費時，所投入的總人力資源必然可觀。現代企業的作業程序脫離不了運用資訊工具，因而資訊相關人員必然全程參與；如將變革作業擴張延伸至「職能需求」、「主要績效指標」的訂定和「人員訓練」範疇時，人力資源單位將成為這部份的主導者。

變革作業是企業徹底執行全面翻新的一種管理手法，除了基層工作人員外，各直線功能與間接幕僚單位之各級主管、相關作業執行者和高階管理層全體動員，搭配顧問群的協助方得以竟其功。

12 推動變革作業的核心組成人員，誰比較適宜？

被譽為全球最傑出執行長的奇異CEO威爾許（Jack Welch）說：「人對了事情就對了。」一針見血的指出適當的人對事情成功的重要性。

變革作業將針對新策略方向和面對未來的環境建立新的運作機制，欲處理之事千頭萬緒，其中任何一個環節稍有偏差都可能減損預期的成效。如何在紛雜中理出秩序，建立前後無斷點的關連性並顧及效率提升，是左右變革作業成功或失敗的重要因素之一，這些均得依賴頭腦清晰思慮周全的人適時適地的做出決策。

終結而言，「人」成為決定變革作業的最關鍵因素。

推動變革作業的組織和企業通用的組織型態類似，分為外圍和核心兩部份。

外圍組織的功能偏重在事務執行面，負責蒐集歷史和現狀數據，整理成可用之資訊也擔負相關的執行細節；核心組織則著重於分析、創新、決策、規劃、溝通和督導等面向，前述所及關鍵之「人」係指核心組織內的這一小群組成分子而言。

他們雖然不必親自執行所有細節，但在規劃時得事先周密的設想執行時可能遭遇的實質困難；他們還得完全熟悉公司運作的機制、現在狀態及產業環境的變化與未來的趨勢，不因為在行業中待得夠久而固守成規失去創新的動力；最重要的是必須思慮清晰具備邏輯思考前後串連的能力，才不會使作業變革在千頭萬緒中因缺乏連貫性而混亂；除此之外，這一小群組成分子得把變革作業視為作業期間內最主要的工作與責任，心無旁騖的投入全部的精力和時間。

企業組織內適合擔任此種角色者，不言而喻人數不多，必然集中在少數高階主管身上；因為很少有人具備全方位的能力和條件，所以通常由具互補性質的數位高階主管搭配組成。因為全時投入是變革作業保證執行的基本要求，所以核心組織內的成員都得在作業期間離開原工作崗位，確保心無旁騖的規劃未來，原職務順理成章由指定代理人擔崗，同時達到培養接班人的附帶效益。

核心組織中得有人在紛雜的意見中最後拍板定奪並負決策的最終責任，毫無疑問只有企業的「執行長」（CEO）被賦予此權力也是他應盡的義務。

企業掌舵者，身兼變革作業發動與推動雙重的角色，同時得改變以往發號司令坐等驗收現有組織體系執行結果的模式，以全程參與討論、辯證並盡可能摒除成見仔細聆聽或接納另類的看法，因應此複雜度超高的整體再造工程，才可能擦出意想不到的新火花。這對大部份已習於號令，言談定於一尊的執行長而言，有相當難度卻不得不為，此時外來顧問客觀的看法和相關產業成功案例的輔導經驗，可適時的提供參考借鏡，成為變革作業成功的催化劑。

13
變革作業的步驟為何？

「程序主導成敗」，同一件事因為處理程序的差異，結果大相逕庭。

變革作業是改變企業現狀全面翻新或局部修正的一種管理方法，它講究的是「程序」或稱為「步驟」。按步驟一步一腳印踏實的做到，經時間的累積成果自然逐漸顯現。

套用華人首富李嘉誠管理哲學的一句話：「不疾而速。」凡事得在行事前充分的蒐集資訊仔細的思考規劃，而後逐步踏實的施展，看似緩慢卻可以避免走回頭路，其實反而快速，成效卓著。

變革作業的第一個步驟是對標的企業進行全面健康檢查，藉以充分的揭露企業的現狀並找出存在和潛在的問題，作為分析企業未來策略的基礎。

企業的全身健檢稱為經營分析，管理界眾多前輩歷經數十年的實務驗證，逐步累積發展出一套實用、明確而完整的分析步驟和方法；隨企業型態的差異分析項目的多寡與深入度的要求，可任意的組合成各種形式。雖然組合各異但欲有效執行經營分析的基本條件是，執行者必須是由具備豐富經驗多面向專業人才組成的團隊，方能切中問題根源，提出具前瞻與建設性的方案。專業醫生、完善的設備、制式的步驟、科學的方法和醫療團隊的會診，因可信度提高使健檢專門醫院大受歡迎，企業經營分析亦然。

變革作業的第二個步驟是策略分析。

企業未來何去何從？在經營分析客觀揭露企業實況的基礎上，策略分析為企業找到未來最適切的出路和方向。

企業的出路、方向和兩大因素密切相關：有謂本事有多大，出路就有多寬，企業擁有的本事為因素之一；另一影響因素則是環境的變化和趨勢，它提供了未來可能的機會及方向。

企業擁有的本事是企業所以存在並賴以茁壯的條件，行業中各企業共通擁有的本事或條件對未來的出路不會帶來突破性的影響，真正有影響的本事稱為

「核心能力」或「核心競爭力」。

策略分析排除自我主觀認定，運用科學方法客觀的突顯出為數甚少而可貴的「核心能力」，並剖析藉以發揚光大建立創造性未來的可能方向和模式。核心能力的反面是「核心缺陷」，它因積習而成弊，甚至成為企業文化的一部份，阻滯了企業發展的腳步，是企業必須設法克服或避開的障礙，其重要性一樣不可輕忽。

策略分析團隊在此步驟中，除了分析、找尋並確定核心能力、核心缺陷的項目與形成原因外，另一個主要的任務是深入的瞭解產業的變化軌跡並剖析未來的趨勢；因為企業未來發展的機會和方向就在其中，通常藉由多方面資訊的蒐集、訪談、分析、辯證、模擬和風險評估，可以清晰的描繪出產業的遠景、趨勢，並確定企業未來發展的方向與路徑。

事情隨策略而變，在企業內要把事情做好，依賴的是有效率的作事程序和恰當執行作業的人。

事程序又被稱為流程，它詳細的規範前後程序間的關連性以免失序，也摘要的列出要求的標準與應該特別注意的事項，以免事情疏漏和做錯；這些舉措是為了避免內部作業管理的失當毀了一個正確的企業策略；進一步還得在流程與要求標準中注入效率的元素，使企業不僅可藉由正確的策略領先同業獲益，同時也藉由與時俱進的內部管理賺取管理利益。

將企業原習以成性的流程大幅翻新以符合新策略要求的做法，又稱為企業流程再造，它是企業變革的第三步驟，也是所有步驟中最繁複的部份。

在執行企業流程再造過程中，事情為流程之主體，執行者和組織則為副體；當事情處理之順序釐清時，組織結構自然浮現，任事者的要求條件因為明確的事情標準而清晰；組織結構和人員要求順隨流程而變，視為企業變革的第四步驟又稱為組織變革，它和既有權力結構既得利益產生衝突，也是企業變革中最難的部份，如果沒有企業主的全程瞭解和強力企圖心的驅使，難以果斷的決策。

14 為什麼要做經營分析？難道經營者和組織內的成員不知道自家企業的狀態嗎？

每一個人都親身體驗個人在肉體和精神面成長變化的喜悅和苦楚，並擁有它們絕對的主導權，但少有人敢誇口說完全瞭解自身的健康狀態。

專業健診機構運用科學的方法，借助專科醫生的知識，分析並判定受測者的生理和心理狀態，並提供後續之診療以補個人認知之不足，我們理所當然的信任他們的專業配合診療。

人對待身體健康的方式如此，經營者面對企業的各種問題是不是也可以仿效呢？

經營者鎮日埋首於公司治理，處理紛至沓來各種繁雜的事務，似乎沒有理由不能精確的掌握企業各面向的狀態、問題和清楚發生的原因，事實不然，所謂「當局者迷，旁觀者清」。

下列的因素使經營者尤如身陷迷霧中，喪失冷靜分析、認清自己和環境的能力，所下之判斷難免偏差。

待在行業中太久，過分熟悉反倒易形成「成見」，它根深蒂固深植在腦海中，好像設置了固定的框架，只能容納合乎框架固定尺寸的東西，不合框架的新思維自然難以承載，因此阻滯了企業可能快速擴展的好機會。

「權力的傲慢」是第二個因素，經營者在企業私有領域中仿如獨裁者擁有不受節制絕對的權力，長期和過度使用的結果，不自覺的在真實和虛假間築了一道牢不可破的牆，真實的聲音再也難穿牆入耳。

第三個因素是「無休止的壓力」。醫學知識告訴我們面對壓力必然伴隨著腎上腺素的分泌，產生對抗壓力的動能，藉以快速的找到解決的方法，減緩壓力帶來的不適。在壓力下解決問題和所運用的方法具表面、短效的性質，對亟待快速解決的事務產生相當的效益；如果長期處於各種壓力之下，直覺式的反應逐漸習以為常，將因此喪失長鏈式邏輯推理、分析和深思熟慮的能力，面對企業中關係複雜的問題和原因，就不容易找到根源。

「充分的時間」是第四個因素。因為眼前問題要解決的不計其數，挪出充分的時間冷靜思考和分析成為奢求，久而久之，已不習慣於花點時間「靜心、思考、仔細分析」的工作模式。

企業經營者大都藉某一專長起家，成功、掌聲和駕輕就熟，不自覺的引領他持續鑽研深入，有謂一心難二用，自然輕忽建立其他領域的能力，以致難窺經營全貌決策難免偏失。

顧問團隊網羅各方好手，知識多元經驗豐富，去除日常營運事務的羈絆可以完全的專注和投入，對權位不具威脅亦可不臣服於權力，嫻熟於系統分析，自然可免於組織內部人員的迷障，忠實而完整的揭露企業經營的真實狀態和呈現問題，以建立在客觀基礎上提出的變革作業方案，可以避免昧於事實、好高騖遠及過分主觀導致的嘗試錯誤，這是企業遭遇棘手大事求助於外的主要原因。

15 財務報表不足以顯露企業發生問題的原因

投資者和管理者都耳熟能詳「損益表」的第一行是企業的營業收入，最末一行是獲利，兩者相除就是獲利率；也可輕易的由「資產負債表」中了解企業目前擁有的資產、負債和借貸比例高低；如果再深入一些，則會關注企業擁有的現金是否足以應付未來的支出，以免產生資金缺口影響日常營運和商譽，瞭解資產中有多少是存貨，變現和流動的能力是否順暢；倘若進一步探究，則得分析應收帳款和庫存的組成元素、變化狀態並計算它們與營業收入之間的關係。

會計制度經數十年的演進早已成熟而固定，一位擅於分析的經理人，可以自各種財會資料藉交叉比對，完全瞭解企業目前的營運狀態、體質強弱並點出問題。但是如果想深入剖析問題發生的原因，並尋覓解決的方法，則財務報表幾乎無用武之地。因為財務報表顯現的是企業經營的綜合與最後結果，欠缺經營過程中各項作業元素的細部狀態；雖然會計科目已細分項目，但所呈現的數字是許多數目的合計值，同一科目中包含了許多類似的項目，細分度難免不足。加上眾多大額費用採概約式攤提，許多重要的線索隱而不顯。某些費用的認定、性質歸屬或分攤，因會計人員素質不一而偏差，也易誤導資訊閱讀者的認知，因而如僅由財務報表就欲推估問題的原因，在難深入肌里情況下，真因不易彰顯。

企業問題的成因存在作業程序中，只有從各相關作業過程中記錄的基礎數據，經交叉比對分析，輔以人員訪談，並深入求證基礎資料來源的正確後，推論的結果才具參考價值。

許多經理人過分依賴、信任管理單位提供的資訊和財務面的解釋，忽略深究資料來源和組成的正確性，以致做出錯誤的判斷和決策。企業變革事關重大且影響深遠，得根基於真實狀態，才能在縝密分析和思量後，找到企業正確的發展方向，進而調整組織並重新設計對應的作業系統，決策者萬不能依慣例逕下斷語。

16

經營分析得做哪些事？

這些年來健康意識的抬頭，加上官方機構的健保局，大力推展全民健康檢查和強調某些特別好發性疾病的預防保健，大部份的民眾對定期實施健康檢查已視為必然之事，並對某些指標性健檢項目不加思索即可說出標準值，藉以自我判斷健康狀態即早處置。政府對衛生保健的努力已喚起社會大眾普遍性的關注，對提升全民健康水準有極大的幫助。

人有高矮、胖瘦、性別、膚色、種族、個性、生活習慣等各種差異，但人體的基本結構和功能相同，所謂麻雀雖小五臟俱全；那些可以分辨的差異受到兩大因素的影響：基因和環境，使某些人特別容易受到某類疾病的侵襲產生病變。

企業的基本結構和必備功能與人體類似，會產生的問題大部份具共通性，因而針對企業營運是否健康所做的「經營分析」和人體健檢一般可以發展出一套制式共有的檢查方法，適用於所有企業以解決大部份的問題；因行業別特有屬性而發生的差異，則需仰賴豐富經驗的專科診斷師，對特殊項目進行深入的解析探究肇因；結合共通與特有兩部份，則能完整的顯示企業健康的全貌，喚醒經營者注意，即時調整方向和做法。

哪些是「經營分析」都得做的項目？首先得建立企業的基本資料，譬如公司成立的原始構想和時間，資本結構和股東組成的演變過程，營業額、獲利和資產增減的情形，營運項目、分支機構、規模、組織結構與成員的變化與速度，董事會與企業營運管理運作模式，資金借貸、負債結構和資金運用方式，產品與服務的種類、佔比、市場變化與佔有率等等。從基本資料已可概略的瞭解企業外顯之健康狀態，所謂望、聞、問、切知梗概。

進一步是深入企業的內部運作。彷如健檢時，由尿液、血液和各器官功能狀態探知已存在和潛在的疾病。企業內部運作功能不外乎：業務、設計、研發、生產、銷售、行銷、售後服務、採購、庫存管理、人力資源、資訊、財務會計、一般管理等；這些功能單位的狀態和問題都可藉由作業程序、表單內容與移轉、使用工具、文件管理、報告勾稽體系、要求標準、績效表現和耗費時間中得知。

經營分析團隊憑恃專業、藉資料比對、交叉詢問、釐清並判斷問題之根源；特殊項目的深度探尋，是經營分析團隊視情況在下階段選擇性執行的工作，執行與否端視該問題之嚴重程度與必要性而定。

17 經營分析如何著手？

欲瞭解經營現狀得建立在正確資訊的基礎上。組織內各階層主管對資訊的需求，隨個人之動機、時間、喜好而異；現代整合式資訊系統的超大資料庫容量，加上功能強大的個人電腦普及，資料可隨性編排組合，使資訊的內容和格式五花八門眼花撩亂，反而讓閱讀者如墜五里霧中；看似相同的文字若定義不清，不同閱讀者常因認知差異而誤解。

經營分析講究的是確認問題的真因，因而對資訊的表達和顯示方式有更嚴謹的要求。

經營分析的首要步驟是蒐集資料，資訊確認則為基本要求。

分析者為了避免獲得錯誤的訊息，得清楚的列出希望蒐集的資料名稱及提供格式化的表現方式，防止資料蒐集和整理者按個人見解任意編排而誤解。

其內容項目得明確定義，除了以文字概述其含意外，同時羅列包含與排除的元素，防止資料整理者誤將不該計入的元素列入計算，並註明基礎資料期望產出之處與時間段落。

資訊閱讀者難免對得自於運作成熟的資訊系統與依賴人工蒐集整理、再加工之間，產生信賴度的差異，為了確認資料的正確性，在設計資料格式時，不妨將相同的內容項目同時出現在不同的資料格式中，交由不同的單位或個人以不同的工具分別蒐集，藉交叉比對即能輕易的判斷真、偽、缺漏而得到正確的訊息。

這些資料盡可能在同一個時段內蒐集完成，並依其特性分類順序編號，便於統計分析和產生疑問時，按類別快速查閱比對。資料蒐集最好避免過於分散和臨時不斷的提出需求，可免資料因要求不連續而失真或遺漏，另一方面也減少蒐集單位耗費過多的人力，降低日常作業所受的影響。

有經驗的經營分析師，對需要資訊的內容和格式瞭然於胸，並事先規劃妥當，輕易的就能獲得完整的經營資訊有利於接續分析和發掘問題的真因；只有極少部份因產業型態的特殊屬性，需要額外的資訊以補標準資料格式之不足。

經營分析的步驟和公司內部作業模式相似，事先縝密的規劃，按部就班的實施，產出效率可期。

18

有哪些資料需要蒐集？

經營分析需要的資料分為兩大類。

第一類是：顯示企業營運狀態和結果的資料。它具表面、外顯的特質，大部份得自於管理和財會部門例行報表中，只需在現有資料檔案中稍加整理、分類、組合即可得，通常這些資料儲存在資訊系統的資料庫中，取得便捷。

第二類是：各功能部門實際運作的資料。它具備詳細、隱而不彰的特質，因為是過程的記錄所以大部份都是基礎數據，各功能部門得花些時間依指定之格式分類統計，方得以顯露資料間的關連性質。

第一類的資料大致如下所示：（除了現況外，也包含不同時期的變化訊息）

1.資產負債表	14.產品別業績統計與變化
2.損益表	15.產品別毛利統計與變化
3.現金流量表	16.廠別、地區別業績與毛利統計變化
4.損益平衡點分析	17.產品別、廠區、地區別利潤貢獻度變化
5.公司股東組成與資本額股權變化	18.應收帳款帳齡分析與變化
6.董事會組成與運作方式	19.庫齡分析與庫存週轉率
7.經營團隊組成與運作方法	20.生產力分析與變化
8.公司組織結構	21.員工離職率統計與變化
9.產品結構	22.月平均薪資與變化
10.銀行存款、借款餘額明細	23.前十大費用分析
11.公司資產明細	24.產品別製造成本分析
12.財產投保明細	25.關係企業往來
13.資金運用方式	26.客戶銷售額統計與排序

第二類資料因較為繁雜，茲列舉重要的部份供參考：

1.標準作業程序	13.產品定位、SWOT分析
2.標準工時	14.績效獎勵辦法
3.主要績效指標	15.研發專案狀態
4.材料編碼原則	16.專案控管模式
5.費用支出核決權限	17.知識庫建置狀態
6.授權政策	18.人才培育與教育訓練課程和經費
7.訂價與報價政策	19.原物料價格變化趨勢
8.經銷、直銷狀態	20.品質狀態與變化
9.售後服務狀態	21.人員加班狀態
10.採購與領用料ABC分析	22.員工福利制度
11.客戶抱怨統計	23.稽核與控管
12.售後服務政策	

資料蒐集兼具整理和釐清的功能。中國人習於每年歲末居家大掃除除舊佈新，在清除一些陳年無用的垃圾時，經常意外的發現一些封陳已久遺忘疏忽的東西，如獲至寶重新拾回記憶再度使用。

企業經過多年的運作積習積弊在所難免，因為用心蒐集整理資料，也可能因此揭露出那些隱藏在陰暗角落，無用甚至有害的東西，可乘機快速清理，或回復一些以前擁有和引以為傲的優點，在企業還沒有進行實質診斷之前，或許因此而恢復部份原有面貌，也算是預料外的收穫。

19 由完整的資料精確的描繪企業的真實狀態

經常可由警匪影片中，看到如下的場景：人車往來穿梭忙成一團，警察忙著封鎖現場鉅細靡遺的採證，目擊證人則憑著短暫的印象正描述著嫌疑犯的形貌、衣著、舉止、估算大約的身高體重，受過專業訓練描繪人像的員警，熟練的以紙筆當場描繪出犯罪者概約的面貌身形和特徵，資料掃描輸入資訊系統，電腦快速的將輸入的圖樣和龐大的人員資料庫比對，不消多時，犯罪嫌疑者減縮至最小的人數範圍，幸運的話如果犯罪現場還可採集到完整的指紋且嫌疑犯有前科記錄，則犯罪者幾乎難以遁形。

重要的資訊在刑事案件的追查上扮演了重要的角色。

輪船航行在一望無際的海上，沒有目視可以定位的地標，船隻完全依賴衛星定位裝置，在航海圖上標示自身的位置，航海圖上有詳細的陸地、航道、洋流、礁岩等座標位置，輔以航海雷達、羅盤和氣象資訊，船隻可以在不著邊際的大海上按既定方位安全的航行。高科技儀器所提供的完整資訊幫了大忙。

詳細而完整的資訊可以在無數的人群中縮小標的，在複雜的環境中準確定位，甚至可以如健康檢查般清楚的顯現體內各項器官的運作功能和毛病所在。

企業提供的資料如果夠詳細一樣可以清楚的描繪出企業外在和內部的狀態。狀態本身並不具特別的意義，只有在和標準比較後顯示出差異才知道好壞。變革作業就是要在差異中找到發揮優點的機會和做法，迴避或改善缺陷；好比健檢時，專業醫生從差異數據中看到病兆，確定病因對症下藥。經營分析團隊運用相似的邏輯，彙集各種資訊憑藉經驗運用方法，將這些看似獨立零碎的資訊建立起連結關係，拼接出完整的圖像和標準比較確定肇因並開出管理處方。

很多的心理實驗證實，人類對事務的印象受到個人好惡、經驗、情緒、利害關係和時間的影響常偏離事實。

以真實數據為基礎，上下左右前後全部勾串在一起，可以完全擺脫偏見和臆測，以此推導出的結果，如邏輯方法適當其結論足以服人。雖說管理彷如藝術，但建立在科學的基礎上，自由揮灑間仍有其一定的脈胳和方法，並不能以「直覺」一語蔽之。

20 如何建立資料或事件間的關連性？

推理小說的故事曲折離奇，情節引人入勝，是暢銷小說的長青樹。作者慣常運用抽絲剝繭的手法，藉由具備豐富常識和經驗的故事主角，從蛛絲馬跡中判斷偵察可能的方向拉開序幕。調查進行中，新的關係人與事物陸續被揭露，故事就在逐層剖析和不斷的意外中高潮迭起，導引讀者不自覺的進入故事情境中而扣人心弦，直到真相大白才鬆口氣。

雖然每一個事件都是獨立且耐人尋味的故事，但釐清來龍去脈卻都秉持一致的模式：由蒐集、分析、判斷、求證、訪談逐一串接而成。推理小說看似杜撰其實反映了真實辦案的方法，一點不假。

相同的方法用在瞭解企業的營運就成為經營分析。

經營分析不如推理小說中偵察案件的複雜難測，因為經營分析可以輕易的由資訊系統中獲得所有的經營資訊，分析團隊最重要的任務是在這些資訊中建立彼此間的關連性，再由其中找到企業的問題和形成問題的真正原因。

欲建立資訊或事件間的關連性，通常都是由企業所處行業慣有商業行為的連續程序著手。標準商業行為的處理程序不外乎由市場行銷開始，進而研發單位設計開發產品，由業務單位計價接單，生產單位購料、自行生產或外包製作，品質保證、出貨、舖貨、收款並提供售後服務，最後由會計結帳產生營業報表結束，其中的任一程序均涉及：人員、薪資、效率、激勵、事件、地點、費用、時間、耗費等。

一段一段的解析每一個商業行為負責單位和處理程序中所包含的所有元素，由所蒐集的資料中呈現出所有元素的狀態，經營分析團隊再憑藉豐富的知識、經驗和常識，建立彼此間的因果關係，判別是否合乎標準或超乎常理；如該元素並非基本元素，得再進一步深入的解析其包含的元素，重複相同的方法直到確定為止。

解析過程除了建構資料與事件的連結關係顯現基本元素外，主要的目的是欲找到背離標準或常理發生問題最根本的原因。

為了確認原因，得輔以人員訪談，藉由不同單位、層級各類人員主觀的看法、理解和數據資料及解析結果交叉比對，企業的經營狀態、內部運作的關係、表面與內在問題與真因，幾可完全而忠實的呈現。

為了取信於資訊收受者，分析團隊得把過程和結果按照邏輯推理分析的順序完整的記錄在書面文件中，並以簡單的圖形描繪出各種因素間的前後關連，以便閱讀者輕易的就能進入分析者的思緒中並認可其真實性，就如同推理小說引人入勝的推理過程。

21

經營分析用哪些標準來評比

嬰兒呱呱落地的第一時刻，醫護人員得丈量記錄出生時的體重、身高，按指紋、腳印，並和新生嬰兒的平均體重、身高比較，由統計數據中的落點位置初步判定其健康狀態。成長過程中有更多的指標評斷這個人是否有出息，學習階段主要的標準是在學業成績和操行，就業階段初期偏重在薪資所得多寡和職位高低，後期則涵蓋聲望、地位、影響力和財富，至遲暮之年身體健康和心態開朗成為最關注的指標。

人生的標準隨著成長而變，也隨著價值觀而異，有個人認定的目標也包括社會大眾普遍認同的看法。

有些人以獲得學位或累積財富為個人某一時段的標準，獲得博士學位或人生的第一桶金時都令人欣喜莫名；譬如五子登科即為社會大眾延襲已久普遍性的認同標準；有些人標準過高卻不可得終年鬱鬱寡歡，某些小孩的標準過低讓父母傷透腦筋，擔心他的小孩未來可能因謀生能力不足而陷入困境。

經營企業和經營人生相似，差別在內容物範圍和層面寬窄。

企業完全以獲取和累積財富為標的，因而判斷企業良莠的標準相對容易，任何的行為或事務只要能累聚或加速累聚財富就是好的，近年來逐漸增添社會觀感、社會責任、促進社會和諧、環境維護等因素，以降低社會大眾對企業過於大幅擴張領域賺取超額利潤的負面印象，儘管如此，財富仍然是拿來評比衡量企業最值得參考量化的標準，以此為基準細化企業經營的標準有哪些呢？

和新生嬰兒得丈量體重身高一樣，企業經營最基本評比的項目可說是獲利率和生產力，也就是說每銷售一樣產品或提供一項服務可為企業帶來多少利潤，每支付一元的薪資可為企業帶來多少利益；企業可以和自己比較，看年度成長率是否符合預定的目標，也得和競爭對手及景氣變化比較，瞭解在業界中排名的變化以及是否超越景氣指標。

如果不管行業的特殊屬性，則有共通的管理標準可以評比，最常見的是：庫存比率或週轉率、應收帳款比率、人員離職率，這些都是企業經營者必須隨時注意的事，稍一不慎即帶來大災難；如由投資的角度來看，則會關心：每一塊錢投入的資本賺了多少錢，即簡稱之EPS（每股盈餘，Earnings Per Share）；負債比率：向銀行借了多少錢，避免週轉不靈或被利息壓垮；產品的貢獻度：瞭解哪一種產品投入了資源卻帶來虧損而損及股東的權益。如果從長治久安的角度來看，則有下述的標準：是否建立了知識管理的架構？人才培育是否有前瞻性、有無標準作業程序、標準作業方法等制度？以免人去政亡。

拿現有的資料和設定標準比較，主要的目的是想勾勒出企業競爭優勢和劣勢的輪廓，提醒企業得用盡方法保持優勢狀態，改善偏差，換句話說就是趨吉避凶，創造更好的未來。

22 影響企業營運的重大問題有哪些？原因為何？

人們吃五穀雜糧、蔬果、肉食裹腹，也同時把依附在食物上的細菌、穢物一起吃進肚子，如果身體各器官的機能良好，體內的免疫系統也發揮殲滅細菌的功能，則髒東西、消化殘餘物和細菌殘骸一併被排出體外，常保身體健康。如果經常性的吃進過多不適的食物和附帶的細菌，體內器官的機能和免疫力終有不堪負荷之時，部份物質就會殘留在體內，長久累積發酵滋生細菌，逐漸的侵蝕器官產生病變，加上先天的基因缺陷，各種疾病逐漸上身並交互牽連，揮之不去終至敗亡。

企業的組織和人體的組成類似，組織內的功能部門如同人體內的五臟六腑，企業從客戶處接到業務的需求好比人體吃進食物，帶來養份也帶進引發問題的因素。

企業的問題有大小之分，小問題或簡單的問題在組織內各功能部門的運作下自然排除，比較複雜沒有被排除或大意的部份則停留在組織內，經時間累積逐漸成為擴及週邊的大問題而棘手。

企業中多如牛毛的問題，並非事事均得投以對等的關注，經營分析團隊僅需針對重大根本的問題著力，當發生問題根本的因素消失，其眾多衍生的問題因缺少了依附將隨之而消散，和擒賊得擒王，除草得除根的道理相同。

影響企業營運的重大問題有哪些？

一、產品或服務項目太雜太多不夠專精

真正能為企業帶來獲利的產品不多，反而因無獲利產品之虧損侵蝕掉應有的獲利；經營者的雄心壯志、強烈的企圖心和過於自大，卻忽視進入障礙與維護的艱難度，是造成這種結果的主因。

二、產品品質起伏不定，使好不容易找到的客戶轉頭他去

不能維持既有客戶，將耗費十倍以上的資源才能建立新的客戶，投入和收入不成比例，收益自然不佳。品質幾乎和誠信是同義字，大家熟知「誠信帶來財富」，品質不佳表示，企業實質因此失去了誠信，財富焉至。

品質起伏不定的兩大元兇，一是：人員異動頻繁，另一則是：產品批量過少，更迭頻繁，人員因熟練度不足使品質的穩定度不夠。

三、庫存太多，消化太慢

庫存多意味著企業現金的流動性不足，好像一潭清水，如新舊水更動率過低，水質將慢慢變濁，開始藏污納垢。產品擺置時間超過可銷售之生命週期，庫存即刻成為呆滯品形成虧損；減少可流動現金則影響企業的活動力，掉入惡性循環的旋渦中；經營者的疏忽大意與隨性通常是影響庫存多寡的主要因素。

四、應收帳款時間太長、金額太多，時間一久全淪為呆帳

微利產品，一塊錢的呆帳得賣掉十倍以上的商品才能彌補虧損，賣得愈多反而因此虧得愈多；企業所投入的資源如果有一大部份用在彌平呆帳損失，用在生財的資源必然相對不足，則遠景難期，極力追求營業額成長的企業，常掉入應收帳款的陷阱中。

五、將企業寶貴有限的資源用在不會獲益的地方

錢和人是企業的兩大資源，如果每一次運用時都事先設想計算它帶來的直接效益，則可累積成總體的正效益，未慎重思量和算計每一分資源的效益而恣意運用，是造成資源浪費的主要原因。富家出敗子是現實生活中最明顯的寫照。

六、轉投資事業過於草率，以致絕大部份持續虧損拖垮本業

企業的成功除了努力是必備的因素之外，少有人會否認機運的重大影響力，因而聰明和成功並不一定能在不同時空環境下完全複製，無數的企業卻常

陷入這類的迷思中，在過於自信和樂觀的氛圍中，少了一些謹慎和事前詳細的規劃而飽嚐苦果。

七、權力過於集中

因為缺乏機制制衡，使得集體的智慧被完全忽略，在政治圈權力愈大則腐敗愈嚴重，在企業界權力愈集中則失敗的機率愈大；一言九鼎容易使決策者自視睿智凌駕眾人，忽視低階建言者的諄諄之言，久而久之異意不在，獨夫決策的風險相對大幅增加，其為企業帶來的災難遠甚其他的管理缺失。

八、欠缺執行力

企業的組織是為了執行事務而存在，當一件已知錯誤的事情反覆出現多次仍未見改善，即可斷定組織欠缺執行力。執行力不足競爭力即不足，退出賽局為遲早之事。

綜結以上所有的重大問題，追根究柢都指向一個因素就是「人」，人對了事情就對了。產品、品質、庫存、應收帳款、資源運用、轉投資等之決策、執行和制度之建立，完全繫乎領導者一念之間。經營分析團隊對企業的解析除了縷列事務與程序的問題外，對主要領導者做事模式的剖析也是重要的一環。

23

藉人員訪談，確認發生問題的真正原因

頭痛醫頭腳痛醫腳，總被人譏諷為蒙古大夫。

這種醫療方式能讓病痛獲得短暫的舒解，易使病人誤以為病痛受到控制而延誤進一步的就診，反而使病兆惡化增加根治的困難。

現代醫學在判斷病因前，總要求就診者接受各種的檢查，就是希望能避免以偏概全妄下斷語。因為科技發展的快速，雖然各種檢查工具愈來愈精密，檢查項目多元而細緻，但是醫生在診斷病因時仍然得執行一個絕不能省略的步驟，那就是「問診」。

他得仔細的傾聽求診者實際的描述和體會其感受，並不斷的誘導就診者能更詳細的說出所有相關的細節，再把這些寶貴的訊息和精密儀器的檢驗結果交

互比對，輔以豐富的醫學知識和臨床經驗所下的判斷比較能切中真正的病因；中醫在病理檢驗的領域雖然細緻度不如西醫，問診時偏重於以望、聞、問、切、和病患間密切的互動來判斷病因，亦能維繫中華民族數千年的命脈而不墜，由此可見人員訪談在協助醫生斷定病因的重要程度。

企業組織體系內絕大部份的主管都擅於解決表面的問題，那是因為解燃眉之急能看到直接立即的效果易得長官的青睞，因而促使各級主管以解決表面問題為能事，所以根本的、複雜度高、耗時而困難的部份自然乏人問津逐漸演變為沉疴。

經營分析即是針對解決這種問題而為。經營分析團隊在執行企業變革的初期，費勁的由各種經營數據中交叉解析出這類問題可能發生的原因，基本上它替進一步尋求根由確認了方向，如欲確認真正的原因，好比醫師問診，必須親自訪談所有參與作業的代表性人員，他們的位階有一大部份非屬主管階層，而是對作業程序、內容和問題的狀態因頻繁接觸而非常熟悉的一群人；真正的原因經常是隱藏在訪談時不經意對話之中，有經驗不帶主觀成見的分析人員可以在各種紛雜的說法中理出頭緒，並拿來和數據資料反覆的交叉比對，確定彼此關連性和真偽。

位階不同，看事情的角度、深度和廣度也相異，當全部人員訪談結束時，幾乎可以十分完整的拼湊出企業成長的軌跡和目前營運狀態的立體圖像，它包含了表相和內含，赤裸裸的呈現全貌，見樹不見林的偏見因而矯正，訪談的可貴由此可見一斑。

24 如何讓受訪者暢所欲言？

實地勘查和面對面交談是獲得真相的兩大法寶。

刑事案件的偵察，警方馳赴案發現場的首要動作就是封鎖現場，採集遺留下來所有可能的證物，包括了可以辨認身份的指紋；緊接著是馬不停蹄的詢問所有的目擊證人、犯罪嫌疑人及相關人等，這些動作的主要目的都是要獲得未經刻意破壞或修飾的第一手訊息，絕大部份刑事案件的破案契機就隱藏在蒐集的證物和相關人員的對話中，因而案發後的短暫時間也被稱為破案的黃金時間。

單純的對話如果沒有技巧自然很難從犯罪嫌疑人口中套出口風，威逼利誘似乎是警方套取證詞慣用手法的縮寫，民主社會的進步使傳統的刑求逼供不復多見，取而代之是各種軟性技巧的運用，在刑事案件的新聞報導中經常可聽到的一句話：破除心防，是運用軟性技巧的代表作，其中包含了各種的技巧，但最主要的是要卸除受訪者的戒心以呈現事情的原貌。

在企業中訪談相關人員，當然不似刑事偵察案件中的犯罪嫌疑人，為了避免入罪服監築起非常牢固的心防，但是他們卻可能和刑事案件中的目擊證人類似，為了避免麻煩而不願說出實情和心理話；小部份員工會為了想博得某些有權勢者的好感而附和或發違心之論，訪談者得具備判斷真偽說詞的能力，技巧的避免類似的情況發生。

企業組織內受訪員工為何會有戒心？有一大部份源自對訪談者的信任度不足，擔心某些批判性的發言，可能經訪談者傳遞至被批判者或單位而引發誤會，對個人及未來之行事或升遷形成障礙；有些時候是受訪者不清楚訪談的真正目的，擔心個人的說法被誤用，心存疑惑則難暢所欲言；另外常見的一種狀態是受訪者的主管陪同在座，使受訪者的發言受到約束，不方便陳述事實甚至可能得到虛偽的回應。

除了上述自我防禦的因素外，還有哪些因素會阻礙訪談的順利進行？

訪談者談話的口氣如過於正式或回應時不假辭色，也易使氣氛凝結不利於進行；如果是在吵雜的環境下或受訪者不斷的受到各種事務的干擾，則訪談很難按部就班循序漸進的展開。安靜和專心是人得以靜心深入思考的基本前題；如訪談沒有一定的步驟順序，則比較容易陷入天馬行空難以控制的地步，接受到訊息自然因凌亂而失去參考價值。

訪談者可以參考以下的做法：

一、準備一個安靜的場所，四周沒有過多的雜物和人員進出的干擾以免分心。

二、選擇受訪者工作量較少的時段，並要求受訪者在訪談時段摒除所有的公事和接聽電話，專心而深入的回應。

三、訪談時間控制在一至兩小時內完成，並事先設定時間內可充分討論的主題，避免議題過多而失焦，因時間過長失去耐性。

四、避免受訪者和其主管或存有衝突的單位同仁共同受訪，以免談話有所保留或引發爭議。

五、邀訪者得事先詳細的準備訪談議題與欲藉訪談澄清的問題和步驟，按步驟有順序的進行，並講求實效。

六、邀訪者得在訪談開始時清楚的說明訪談的目的，和保證不洩露發言者的身份，以取得受訪者的信任。

七、邀訪者得始終維持平穩、和緩、和諧的語氣，以消除受訪的緊張情緒。

八、對於不同的見解，邀訪者不應和受訪者爆發言語衝突，阻礙訪談的順利進行。

九、對不著邊際的言談或無意義的批評，邀訪者得適時拉回主題，掌控訪談的步驟，以免徒勞無功。

25 訪談前得做哪些準備？

事前準備可避免過程中慌亂、事後懊惱，效率倍增、氣定神閒。

一個月後要出國，如果從現在開始規劃行程，你就有充分的時間找尋適當的旅行地點、瞭解景點特色、在地的風俗民情、安排最適當的行程，並依自己的經濟能力選擇適宜的食、宿和交通工具，市面上套裝行程和旅遊專家的意見也可以提供您很多的協助。妥善安排好所有細節後打包行囊，等著出遊帶回滿囊的歡樂和記憶。

如果臨時起意，景況就完全不一樣了。

所有的事情必需壓縮在二至三天內搞定，你可能很難在出發前充分瞭解景點的特色，不清楚什麼旅遊行程符合自己的需要，找不著適當的旅行社，食、宿、交通和花費都不合己意，匆忙打包卻遺漏了相機，忘了帶救急藥物，電池、充電器放在家裡，所有的事情都不太對勁，一段令人期待美好的旅遊就搞砸了。

經營分析同樣得講究時效，得用最精簡的資源在短時間內理出企業營運的頭緒，因此人員訪談前的準備相形重要，如果事先安排就緒，訪談在規劃步驟下進行，時效和成果就可一如預期。

訪談前得做好哪些準備？

一、對受訪企業的發展歷程、目前的營運狀況和面臨的困境、存在的問題及可能的原因都應有初步的瞭解，手邊有各功能單位相關作業項目的營運數據，並事先經過仔細的解析。

二、手邊已有一份各功能單位相關作業項目的完整檢核表，準備好發問的問題和提問之先後順序，並備妥對應的經營數據。

三、對訪談的目的和亟欲得到的答案瞭然於胸。

四、估算訪談的段落和預定需要的時間。

五、約略知悉受訪者的教育背景、職場經歷和普遍的評價。

六、約定邀訪團隊成員擔任的角色，如：主談者、協談者或記錄者，取得共識各司其職並建立默契以互補不足。

七、事前安排好所有的時程、議題大綱、參加人員、地點和議事用品等，以免雜瑣事物的干擾。詳實的準備有助於邀訪者在輕鬆自在的氣氛中神情自若的由受訪者口中得到書面資料所未呈現的重要訊息。企業營運問題真正和基本的原因，總是在和許多員工面對面訪談過程中才逐漸被揭露而證實，它可以彌補純數據資料解析之不足。

26

以實地勘察確認說法和數據的可信度

選擇性記憶所建立的印象，有時會偏離事實。

當眼、耳不斷接收各種訊息時，人腦會運用自我判斷的機制篩選保留必要的訊息，建立成有如影像般的印象。

篩選判斷的本事和個人的知識、能力和閱歷有極大的關連，也受到事情是否關己、訊息強度強弱和接收訊息時所處情境的影響；當個人的知識、能力和閱歷不足時，就比較難掌握訊息中的重要因素和關連度，如果訊息中某部份的強度較高或接收訊息時所處的情境特別，這部份的訊息則較易在心中建立鮮明的印象；當它事關個人的權益，該類訊息必然牢記在心，這些因素形成選擇性的記憶。

記憶會因為時間而逐漸淡忘，在回復記憶的過程中很容易產生某種程度的偏差，所以經營分析團隊在人員訪談中所接受到的某些重要的訊息，得藉由不同人員的看法交叉比對，並求證於數據資料，部份還得藉實地勘察以證實所言非虛、數據非假。

實地勘察建立在眼見為憑的基礎上。它以實物為對象，包括了：空間、面積、物品、設備、位置、數量、尺度、時間、動作、作業順序、內容或客戶的直接反應等。因為以實體為標的，親眼目睹足以佐證人員說法和數據顯露的真實性，更貼近實情。

實地勘察通常在數據分析、人員訪談後才展開，由受訪者陪同至現地參訪或實地演練，為了看到常態下的真實狀況，實地勘察的行程通常不事先告知，以免因過於週到的準備而失真；造訪者仍得依循訪談前的準備作業，事先規劃好要看的項目、順序和問題，部份隨行者得擔任隨時以文字、語音或影像，記錄實地看到重點內容的角色，作為後續對照分析之依據。

經營分析所呈現的問題經過數據分析、人員訪談和實地勘察後，幾乎可完全確認問題的真因，後續所提出的針對性改善措施或方向，方能符合對症下藥的要求，如果接受經營分析的企業未來能按變革作業所提出的建議方向和方法徹底實踐，則企業必收脫胎換骨之效。

27 處理方案如何抉擇？

百年前孫中山先生提出來的大同世界，在當時多少被認為過於理想匪夷所思。近年來因為網際網路和資訊產業的突飛猛進，意外的發現孫先生的理想在未來的數十年間有逐步實現的可能。

國家疆界逐漸模糊，遠在天邊國度所發生的事情有如隔鄰，讓我們有機會仔細觀察和比較不同國度家的變化。有些國家與社會因為政策調整和問題的逐項解決，十幾年間旋即由貧轉富，甚至可能變成強盛，中國大陸似乎就是這種變化類型的顯例；有些國家和社會不思改變之道，許多的問題多年來未見改善，則國力日弱，社會愈見凋蔽，臨近的菲律賓常被拿來作為例證，近年來台灣好像也有步其後塵的跡象，令人憂心。

資訊的快速和透明讓全球的人親眼目睹明日之星的升起和昔日明星的殞落，兩者的表現其實是單一議題的兩面；掘起中的國家和社會，致力於解決問題，所以才有今日的盛況，而遲滯不前或倒退的國家與社會卻是任由問題存在甚至漫延至難以收拾。

問題真的難以解決嗎？從兩極化的事例可以得到答案。

當發生問題的真因找到時，解決之道基本上就已浮現，決策者只需再考慮以下的因素，判斷和抉擇自在其中：

一、風險因素

執行任何一項的變動都有如兩面刃，有正面的效果就會帶來負面的損失。經仔細評估的正面效果，如果遠大於負面的損失，如此的風險自應承擔，也就不應過度的挑剔對應方法的周全度，俗謂瑕不掩瑜即此之謂。

二、執行的可行性

方法能被實踐是配套的結果，有來自於最高主管意志力強度的因素、執行者的能力成熟度和持續力、企業既有組織體系和文化的包容力，甚至需要上下游業者和投資者的支持，綜合建構成事情有效執行的架構。

三、效益評估和優先順序抉擇

企業內任何改善的作為不論直接或間接性質，都得計算它帶來的金錢效益。當收入和投入的資源以量化的數字呈現效益後，實施的優先順序和資源配置則不難定奪，回收比例愈高金額也愈大的，就是企業應該去做的優先項目。

四、是否和策略方向吻合

和策略方向完全吻合的改善作為，才能有效累積小努力成就大成長。拔河比賽，所有參賽者必須同時用力，才能凝聚力量產生力拔山河之效，用力時機或方向不當徒增忙亂。

五、詳細的步驟和方法

詳細的步驟和方法是事情得以順利進展的保證，擬定時得考慮人、地、時、事、物各種因素和彼此間的關連性，並思考實施過程中可能遭遇的問題，事先設想等於建立了預防的機制，突發狀況愈少，阻礙就少，成功的可能性則愈高。

28

如何顯示經營分析的結果？

身體健康檢查結束醫院會提供一份健檢報告給受驗者，報告中詳列了所有做過檢查的項目，判定健康與否的標準值和受驗者的檢查結果，未達標準值的項目會以明顯的顏色標示，並扼要的告知衛生保健之道，如果健康問題的嚴重度已達應就醫的程度，醫院會進一步安排專科醫生門診和一連串的就醫順序。

健檢長期發展累積的經驗已完整的建立檢查、診斷和後續就醫的標準作業程序，不僅有效率，對國民健康平均水準的提升也盡了極大的貢獻。

企業經營分析的宗旨與做法和身體健康檢查完全相同。

經營分析團隊在完成分析、比對、判斷和提出方法後，同樣得提出一份完整的經營分析報告，並深入闡述各議題邏輯推理的過程，還得以無可挑剔的理性說服企業組織體系內所有的主管，這是和健檢之受檢者完全信賴醫生之專業知識與判斷最大不同之處。

醫生不需要搬弄深奧的醫學知識就能獲得病人完全的信賴，但經營分析團隊卻得仔細的交待各項結果的來龍去脈，並以流暢的文字呈現在分析報告中，此時撰寫一份優質分析報告就顯得特別的重要。

完成一份優質的分析報告有許多必須依循的準則：

一、使用中性的字彙避免帶有情緒和譴責性的用語

經營分析基本上是圍繞著企業的事與人探討得與失，事情的本身因為有客觀的數字資料，除非數據錯誤或引用失當，否則不易引發相關當事人情緒性的不快；但事情不佳的原因常因人而起，在評述的時候，撰述者主觀的印象、同事間的評論和想當然爾的推理都不宜出現在字裡行間，一切得回歸至基礎數據和設定標準間的比較，方得以客觀的突顯各種組成因素中人謀不臧之處並可杜攸攸之口。

二、所有的數據和資料均應標示出處，數據中所包含的內容項目得給予明確的定義

管理者對情勢的誤判源於兩大因素：個人的主觀認知的偏執和對數據的錯誤解讀；如果數據的內容項目沒有明確的定義，閱聽者就容易以個人的認知進行解讀，判斷錯誤結果大相逕庭的機率因而大增，而數據產出的方式也會影響它的可信度，經人工整理和運算過的資料較易被懷疑真實度不足，資訊系統提供的資料則需仔細的檢視基礎資料組成的完整度和即時性。

三、避免跳躍式的陳述，按事情的來龍去脈逐層描述解析的步驟

民間的說書人所以能吸引一般民眾興緻盎然的持續聽他們長篇論事，是因為說書人深諳循序漸進引人入勝之道；解析一個本質枯燥的議題，採用剝洋蔥的方式，在一層一層剝離時，逐漸顯露出鮮為人知的內層，將誘引閱聽者一探究裡，當核心顯露時，結果豁然清朗自然易被接受。

29 如何說服企業組織內的行家？

如果你看得比他人更清楚、周全而細緻，就能說服那些自以為是行家的員工和主管們。

組織內待得夠久的員工大部份自認為對企業無所不知，都有一套言之成理的見解。事實也不錯，因為他們對自己所屬領域內的事知之甚詳，但絕大部份看到的是自己熟知的一面，好比盲人摸象，摸到某一個部位，就把它當成是象的長相，每個人所見各異，整合於是成為極端困難的事。

在高舉變革作業的大旗下，提供了經營分析團隊一個絕佳的機會，得以全面而深入的瞭解營運的各面向，因而可以清楚的描繪出企業目前營運狀態的全貌，並指出所有的問題點和提出解決方案。事實上這些訊息均得自相關員工之口，經營分析者所為只是客觀的把看似不相關的事連結在一起，將複雜的問題拆解理出頭緒，並將過程中分析、邏輯推理的步驟與完成的連結，條理清晰的以文字呈現；一般人對文字意含的理解與接收力，遠低於口語所傳遞的訊息，所以雖然有了文字報告，口頭的解說依然是說服的最佳工具。

聽者先入為主的觀念是說服者的最大障礙，循序漸進引人入勝式的說明，常被用來克服這層困難。

此謂循序是依循該企業之商業行為發生的順序，聽者因此比較容易被引導進入實務運作所熟悉的情境，從前後作業關連的角度來思考問題、評斷其原因及解決方法的恰當與否；跳躍式的議題和牽連過於廣泛的說明，常引發糾纏不清的爭議，並陷入無解的困境，則應盡量避免。

說明過程中如果有任何衍生的問題，得提供所有與會者充分發表意見的機會。

有謂事理愈辯愈明，在循序漸進有條理的說明中討論對應的問題，有充分而正確的數據支撐，任何討論均不易陷入非理性的情境，反倒因為各種想法被充分的表達，得到的結論更有共識而受到支持也比較周全，而有利於後續作業的展開。

由各種面向描繪一個現象或說明某項議題，用交叉比對和詰問嚴格的驗證問題的真因，在相互運用之下，通常會讓組織內帶有成見的行家，因為見識到不同角度的見解，適時拋棄成見。

30 知道問題了要如何落實？

變革作業在完成企業體質健康檢查：經營分析後，有兩條路可以選擇：依循共識和建議方法著手執行為其一，或進一步著手策略分析、組織改造、規劃新的作業程序後再執行。何者為適？端視企業對變革幅度需求的緊急性和強度而定。

短期內期望看到結果的企業，經營者會選擇前者；具宏觀望遠的會選擇後者。不論何者，執行力終究都是變革作業是否成功的關鍵所在。說的容易做來難，企業的成功不全是經營者描繪遠景展現企圖心的夸夸之言，卻絕對少不了把希望、目標、口號、要求等變成真實具備高度執行力的團隊。

期望轉化為行動變成真實，在企業內有它應該特別注意之處。

一、成事在人，人對了事情就對了

選擇恰當的人是企業在執行改造行動時關鍵因素之首，其理至明實際卻往往背道而馳。決策者經常在解決眼前問題和解決根本問題並防治問題再發生之間，難以抉擇何者為重，於是不加思索的讓一位表現良好的員工或主管，同時承擔雙重的任務；過重的工作負荷、兩種迥異的工作型態和做不到專心一致，工作分配的重心自然朝處理眼前問題的單方向傾斜，使變革作業常遭致半途而廢成果難顯的窘境。易言之，如所託之人工作負荷超重、不能專心、沒有時間則難戮力從事，縱使再有能力亦為罔然。

二、方法成就管理，執行力展現的奧妙在：步驟和方法

同一件事情執行方式不同，結果大相逕庭者屢見不鮮，所以才會有「人對了事情就對了」的見解，它背後隱含的深意是選擇了對的人會規劃出恰當的步驟和方法，讓一件看來困難的事輕易的迎刃而解目標在望；它不應只是抽象、空泛、僅提示方向和概約步驟的陳述，而是得鉅細靡遺的列出行動方案中的所

有細節和應注意之處，包括了人、事、時、地、物，期望的標準與各執行階段該有的產出。因為內容細瑣，規劃者事先已盡其所能的思慮可能遭遇的困難和預謀對應解決的方法，如果籌劃時預防在先，困難則不會成為執行時不能達成目標的藉口，則阻礙的因素消失，執行力自然可期。

三、缺乏壓力則無結果

以來源區分壓力，可分為內在和外來兩種。內在壓力源於自我要求；外來壓力來自於他人的要求和監督。

本質上不論個人的社經地位為何，都活在他人的監督和要求之下，唯型態內容相異；當監督機制完整周密，事情狀態則比較能被控制也較易達到預期的目標。

外來的壓力和內在自我要求兩相結合，產生無可抵禦的動力，使許多原本不被看好的事變得可能，故而組織準備進行改善作業之前，除了擇定適當人選、仔細規劃步驟和擬定方法外，務必得同時建立嚴密的稽核、監督、資訊回報機制，藉由第三者的監督和連續而客觀的資訊揭露，時時剔勵，防止怠惰和拖延。

四、企業內重要的事情或做事的成果如果得不到主管的關注，執行者很快就喪失動力而難以持續

變革作業中依據經營分析的建議而執行的改善，基本上都是攸關企業未來的大事，絕對需要經營者全程投以完全的關注，雖有稽核機制但只能輔其不足，它無法取代經營者的角色。

經營者如同一位正駕著由多匹駿馬組成的馬車，他得穩穩的把握好韁繩隨時調整方向與步伐，所有的馬蹄才會朝相同的方向發揮合力奔馳的動力；發號司令後即退居二線卻準備坐享成果的想法，未免失之天真。

擇人、規劃、監督、參與是發揮執行力落實構想的關鍵因素，缺一不可。

31
策略分析有何意義？

寫下個人的志願是每一位莘莘學子的共同回憶，撫今追昔兒時的志願日後成真的例子屈指可數，似乎道盡了心願難成人生無常的無奈；如果深入的探究志願難以成真的原因，以曾歷經人世滄桑回顧立志時的情景，則啞然失笑於孩提的天真那能當回事，因為立志當時純屬幻想，壓根不知道要考慮志向被實踐的可能性，自然結果也不必期待。

企業的變革作業由經營分析發端，它清晰的顯現企業目前的經營狀態並揭露其擁有的特質，對企業未來發展的方向和對策也推論出初步的架構，這些屬於規劃性質的建議，如果期望能被有效的執行並達到預期的目標，就不能像孩提時立志一般，可以完全不顧及自身的條件，恣意的隨個人的意願發揮。

仔細的思考企業究竟具備了哪些獨特的條件可以支持並達成這些規劃，發展的方向又是否符合企業的特質和產業未來的趨勢，以免耗費精力白忙一場，此時「策略分析」就是最佳的工具。

它運用科學的方法和步驟，以理性的比較和分析，將抽象的意念轉換成真實具體的結果，呈現出企業獨特的競爭力項目，也忠實的反映企業的弱點，並和主要的競爭者比較，試圖找出企業未來可以大展宏圖確實可以達成的方向。

簡言之，策略分析是針對企業的體質和產業環境，捨棄少數人一廂情願的念頭和憑空杜撰，量身打造一張具可行性且被期待的未來發展藍圖的方法。

許多企業的經營者憑藉對企業的投入、產業的熟悉和自身強烈的期望，就決定了企業的策略方向，這些未必符合企業特質與環境的策略，使企業的生命週期起起伏伏，前進數步後又退後幾步，辛苦異常的走了許多冤枉路，策略分析能有效的防止這種情形。

相較於策略成果可以預期，策略分析所投入的先期資源和人力則顯然值得。

32 核心競爭力是什麼？

為了擁有寬廣的視野，現代的大眾交通工具，大量的採用玻璃為輔助材料，整片式的玻璃車窗越來越大，好讓乘客的視覺盡量不受阻礙可以一覽窗外的美景。為了保護車內的乘客，側邊的大片景觀玻璃得經強化處理，以維持車體剛性的安全要求，縱使是成年男子以拳頭重擊或身體衝撞都難以憾動分毫。但是當交通事故發生時，如果車門變形無法開啟，唯一的逃生之路只有擊破玻璃，所以在玻璃四邊的支撐框架上都設置有單手可以掌握的小尖鎚，當急難時可用來使勁的敲擊玻璃，一片原本難以憾動分毫的強化玻璃就此應聲碎裂成無數不帶稜角的鈍形小碎片，乘客可以在千鈞一髮之際離開車廂保住性命。

一個單手可以掌握體積不大看來不起眼的尖鎚，為何可以發出如此巨大的能量，似乎不可思議；道理其實很簡單，只不過當單手有限的力量全部集中在一個類似針尖的小點上時，因為針尖的面積極小，產生難以想像的巨大壓力因而擊碎強韌的強化玻璃。

物理學上一個簡單原理的運用給企業經營者帶來很大的啟示，如果企業把有限的力量用在關鍵之處，就可能達到石破天驚的結果；反之，如果企業運用資源時力量分散，沒有用對方法和地方則難以突破現狀。

企業的能力有許多的面向，其中一大部份是各企業都具備的，它用來維持企業日常的營運，好比人總得具備一些能力才能存活於世一樣，這些屬於基本能力；如果要活得光彩，得擁有異於一般人的本事。

企業先天上即具備高度的競爭性質，擁有差異性的能力愈形重要，這些迴異於其他企業的能力被稱為核心競爭力。

核心表示稀有且重要，如果企業能夠把核心競爭力恰如其分的運用在適當的點上，就能產生超乎想像的力道和獲得傲人的成果；但是如果不知善用或濫用這些難得的能力，力量分散的結果卻可能一事無成。

稀有表示在企業所在的行業，具備這種能力的對手不多，擁有者因此相對的具有較佳的優勢，我們也可以稱之為獨有性。如果這些稀少或獨有的能力不能為企業帶來營收和利潤的增加，對企業在擴張疆域上沒有幫助，則不具實質的意義，因此核心競爭力的另一個要素是：重要度。

判斷是否為核心競爭力的第三個要素是這種能力是否可以輕易的獲得，也就是建立能力的困難度或複雜度，如果企業稍微用點心力就能在短時間內建立，或不用付出高昂的代價即可輕易的以金錢購得，它就不是核心競爭力。如果這種能力可歸屬於智慧財產，受到法律一定程度的保護，其他企業被限制使用也不易閃避，則自然成為判斷是否為核心競爭力的第四個元素。

當企業中的諸多能力被區分為一般能力和核心競爭力兩個區塊時，區分過程讓經營者和相關主管很清楚的知道企業的長處所在，自然也顯露出企業的短處；適度的善用優點和逐步改善缺點是個人成功的不二法門，用在企業亦然。

33 以比較來決定核心競爭力

這是一個無處不比較的社會。

人從就學開始就陷入比較的旋渦難以自拔。

學業成績排序是大部份人終身難忘懷的記憶，從名次排序演變成級距，雖然減少了過於細緻尖銳評比的負面作用，仍難脫離好壞等級的評價；離開學校進入職場，終身都得面對更嚴酷的比較，評比的項目不再是就學時期關注的知識和能力等看似無形的東西，而集中在各種有形的代表財富的指標上，如：薪水、存款、車輛、房產、資產等；富比士雜誌每年一次公佈的全球富豪排行榜，總是得到各種媒體的關注爭相報導，吸引全球的注目讓所有的人稱羨，無形中激發了許多人立下好男兒當如是的雄心壯志。雖然僅以財富評比成就易招致一些負面的批評，但不可諱言社會進步的基本動力正是無所不在的比較和如影隨行的競爭。

在自由經濟體系，除了國營企業受到國家法令明訂的保護與限制外，幾乎所有的經濟活動都可以自由的發展。私人企業是開放市場相互競爭的典範，企業競爭力不足很快就被淘汰消失無蹤，繼之者必然在某方面擁有超越對手的能力，才能在競爭激烈的環境中有一席立足之地。

企業能力的比較依循下述兩個先後步驟。

它得先和自己比較，審視現在的營運狀態是否比之前好，並分析是什麼原因造成的，然後再和同業中相同水準的企業比較進步幅度的大小；如果進步的幅度低於同業，則企業自身看似進步的成績由競爭的角度看實質上是後退的。

自由經濟開放的市場正是運用相互競爭的機制自動淘汰那些趕不上平均進步幅度的企業；如果企業進步的幅度在所屬競爭群的前段班，得進一步深究促使企業進步的真正原因何在，首先得剔除景氣帶來的影響，餘下的所有因素都得和企業所屬競爭群的主要對手逐一比較，特別突出的項目就是企業的核心競爭力所在。

它得符合稀少、重要和不易建立的三大特質，成為企業未來競爭的利器，所以核心競爭力不是企業經營者關起門來說了算，它是以營運實績為基礎，經內部評比後再和外部對應的競爭對手逐項比較，確實有相當的差異，且符合稀少、重要和不易建立的特質才能認定，也才可能帶來實質的效益。

34
核心缺陷

有好就有壞，有優點相對存在缺點，它們是一體的兩面，也是現實的寫照。理想只存在於期望和幻想中，它可以當作遠大的目標，隨時激勵自己減少怠惰，但卻是永遠到不了的境地。

企業和別人比較能力的時候，在審慎的步驟中找到自己的核心競爭力，歡欣之餘也同時揭露自己不足之處。事實上能力之不足必然存在，關鍵是企業準備以什麼心態來面對。

如果以個人能力的不足比擬，答案豁然清朗，因為親身經歷每個人都留住以下的深刻記憶：在就學和成長的過程中，學子們被教導得花特別的心力在那些成績低於平均水準的項目，否則可能留級或與學位絕緣而顏面盡失。

企業能力不足之處也有如在學時的級格分數標準可以界定它屬於何種等級；以標準為界一分為二，歸類為還可以或很不好兩個等級。確定級數的方式和分析核心競爭力的方法一樣，得和產業中位於同樣競爭群的對手比較，以它對企業帶來實質上損失的大小來評比差異嚴重的程度，及是否吻合稀有、重要和不易建立的特質，藉以確定何者為主要的能力不足所在，並以核心為名用以突顯它的特別此即為核心缺陷。

企業善用核心競爭力求取實質最大的效益，反之得盡可能的改善核心缺陷，以減少損失。損失的減少雖然不及收益增加在帳面上所呈現的正向意義，但相對而言同樣具有收益增加的實質結果。

企業的有限資源到底是應用在發揮核心競爭力上以獲得正向並長遠的效果，還是花在改善核心缺陷上，藉由減少損失達到增加收益的相同目的，經營者在決策時總是面臨類似二擇一的情境，此時運用比較利益可能有助於判斷。

當某個項目單位資源的投入相較之下可獲致較大的效益，顯然它就可被優先考慮；計算效益時，除了顯而易見的短期直接效益外，還得考量長期與衍生的間接收益並轉化成量化的數字，則可避免見樹不見林之誤；若資源較充裕，同時投入資源或交錯施展所產生的效益更加可觀。

企業經營者對那些受限於資源不能立即改善的缺陷，在礙眼和喟嘆機會流失之餘，適度的降低標準並容忍問題存而不決，亦不失為識時務者之央央大度。

35 什麼原因形成核心競爭力？

事出必有因，前頭種下因，後頭結成果。

無心插柳柳成蔭，很多時候非刻意種的因，卻意外的收成滿囊。世事變化的無常讓歷盡人世滄桑的成年人，認定人生難以規劃，過程中有太多的意外讓初衷變質變樣，因而謔稱計劃趕不上變化。

的確大多數成功的企業家回顧來時路會坦承，企業的現狀並非原先設想的模樣，現時的成功有極大一部份似乎可歸諸於運氣，甚至經營者的命格儼然也可能成為決定企業成敗的關鍵因素；如此的觀點對各種條件均缺乏正處於草創階段的企業，倒也有幾分傳神，此時根基尚未扎穩，稍有風吹草動或不夠謹慎，企業就倒地不起消失無踪，運氣確實可以協助草創階段的企業躲過某些劫難；但是企業在進入成長茁壯擴張的中後段，面對的都是身經百戰的眾家好手，此時實力才是真本事，如果無獨到之謀略、審慎規劃的能力和有效的執行，必然難在激烈競爭中持續開創新局，此時運氣已完全使不上心力。

展望未來，企業自然想清楚地知道，到底是什麼原因讓企業演變成現在的規模？倚賴的核心競爭力又是如何建立起來的？有多少是誤打誤撞的結果？那些原因和條件現在還存在嗎？核心競爭力是否因此而逐漸消褪？這些都在核心競爭力形成原因分析的過程中可以得到解答，若能瞭然於胸，則知所取捨或善加運用，穩固基業再登高峰方可期待。

分析核心競爭力形成的原因，可以從下述幾個主要因素著手：

一、人的因素

一小群能力互補的主要分子，甚至可能一個人，就可建立起核心競爭力；當人是形成核心競爭力唯一的因素時，其風險會因人凋零而極大化，如果形成競爭力的知識或步驟，不能藉制度運作傳承給其他人時，人的離去也就代表核心競爭力同時消失。

二、創意和知識的因素

一個領先提出特別的想法或持續更新的做法，比追隨在後的企業獲得更多的機會和快速成長的力道。

創新通常是在適合和受鼓勵的環境中發芽茁壯，而且創意是以豐富的知識為基礎，豐富的知識則是時間和用心累積的結果，所以能以運用創新為核心競爭力的企業，自然也是一個能容忍特異想法、鼓勵新點子和願意大力投入資源建立知識寶庫的企業。

三、錢的因素

有錢能使鬼推磨雖是謔語，用在企業的推展上卻極為傳神。擁有強大的財務後盾，經常是企業所以成功形成巨大規模的關鍵因素，一個好的商業點子因為缺乏財務的支援或撐不過困難的階段而不能成事的例子不勝枚舉；滾雪球的例子可以簡單而清晰的說明富者愈富的現象。

核心競爭力的成因，錢經常也是主要因素之一。

四、時間的因素

滴水足以穿石，積沙能成塔，都是在說明累積所帶來的功力。許多企業起頭的早或持續不斷的做，都可能因逐步累積經驗和成果而建立起其他企業不易追趕上的優勢，成為自己的核心競爭力項目；搶先看到商機多少也反應相同的觀念，未能趕上時機的結果總是換來吃力的追趕或機會一去不再。

五、制度的因素

有些企業在草創與成長的過程中，不斷的將已經成熟的做法形成制度，好讓企業的力量絕大多數能集中用在原先設定的軌跡上，減少不同做法、方向所產生的耗損，某些核心競爭力就在這樣的條件下逐漸的建立。

如果以上的因素都不是形成核心競爭力的原因，好運可能是唯一的解答了。

36

如何運用核心競爭力？

多元發展被廣泛認知的時代，所謂的成功早已跳脫傳統的定義，不再有放諸四海皆如是的標準，它因人、因事、因觀念而異。雖然在如此的氛圍中，社會大眾對各行各業成功者的認知有部份卻並不因多元發展而變，依然保有一貫與共同的看法和印象，公認這些成功者都擅於將自己的優勢發揮至極致並持續不綴，所以獲得異於常人的成就。

基本上沒有人會蠢到拿自己的弱點作為競爭的武器來和別人的優點對抗，因為兩者一碰優劣立判，人由生活經驗中很快就懂得這個道理。

企業的核心競爭力是其優勢所在，照理說它當然也不會不自量力的捨優勢卻以弱點為武器，但實際上誤用的案例不勝枚舉，並陷企業於困頓之境。它肇因在企業主觀認知的繆誤。

策略分析藉由制式化客觀的解析，明確指出優勢和劣勢能力所在，首先即可避免可能的誤用。

經營者進一步可以選擇以某一個核心競爭力為中心，朝四周向外幅射，羅列出未來和它相關的所有機會，然後客觀的評估每一個機會和核心競爭力的關聯度，以百分比或等級數標示程度的高低，很快的就能顯示出各個機會間的優先順序；同樣的方法運用到另一個核心競爭力上，就有了第二群標示有優先順序的機會。如果某一個機會同時出現在多個核心競爭力的機會項目中，而且關聯度都很高，無庸置疑這個項目非常值得期待，也可能就是企業未來發展的主力方向。

經營者運用這種方法可以精準的找到許多成功機率較高的機會，並得到它們的優先順序。

核心競爭力是經比較所得到的結果，雖然它和競爭者比較是領先的項目，但不可忽略領先有程度的差異；如果領先的幅度大且已持續一段時間，它所具備的優勢自然強勁，受到的威脅也較小；如果領先的幅度不大並逐步在縮小中，則運用核心競爭力時就得謹慎，因為競爭者也可能發現相同的機會，並打算充分的運用以求勝，則企業在未來可能因而遭遇料想不到的威脅與艱辛。

37 確定策略

以核心競爭力為基礎推演得到且排序在前的機會，因為是以實力為後盾，被實踐的可能性大為提高；在考量未來情勢變化、評估帶來的整體效益大小和資源的利用效率後，決策者可以篤定的選擇適當的項目；將許多同性質的項目合併一起審視，找到它們的共同主軸，即成為企業的策略。

策略是企業未來發展方向的指引，當衍生和相關的機會能被實踐時，策略才具備意義。

許多的企業經營者隨口誇言心目中的策略方向，可惜未經嚴謹的解析程序，策略未完全符合企業的特質及能力條件，此企業策略因實踐度不足極易成為華而不實的高調。

任何事情如影之隨形都免不了有正反兩面，可以帶來正面效益的策略，就不可忽略它必然伴隨之負面風險。

事情能成功的主要因素並非全然依賴看起來言之成理的正面和樂觀的估算和想法，反而有一大部份取決於負面風險的迴避；一般狀態下可以被預測到的問題和困難，因為企業得以事先想法子規避，其實不能算是風險，料想不到的部份才是真風險所在；集眾人之智籌思最惡劣之境的對應之道，這樣所決定的策略才是真策略。

策略得被有效的執行才有意義！執行的主體基本上都是企業內各部門的中階幹部，若他們對策略的正確性和可行性有疑慮時，就可能成為策略執行上的最大阻礙。

這些來自於內部的負向因素，決策者可以透過公開詳細的解說來消除他們心中的疑慮；有些企業會將策略推演的過程和原委、策略的預估效益、執行步驟和員工獲得的利益，製作成平易近人生動精美的小冊子，分發給中堅幹部，並利用所有聚會的場合，由決策者親自不厭其煩的解說，除了讓他們體會策略的精神外，也聽取這些人由不同的角度所提出來的建議，來強化策略推展計劃的完整性並博取廣泛的共識。

38

如何讓策略變成事實？

大部份的人在人生的旅程中都立過不少的志願，如願以償的屈指可數。出於自不量力的因素佔了「如願難償」中的一部份，剩餘中的大部份原因歸究於不知如何著手；有些人知如何著手卻又缺乏毅力和堅持，所以許多的志願像一陣風式的，除了在週遭短暫的引起些微的擾動外，風後水靜沒留下任何的痕跡。

企業的策略如果冀望帶來成果，除了透過策略分析的手法，一開始即將不切實際的想法從決策者腦中剔除外，接著就得仔細的思考應該怎麼做，才能達到策略目標。換言之得構建一套充分實踐所需要的完整步驟和方法，藉以按部就班的依計劃實施，突破各階段各層次關卡，逐步累積小成果獲致大收成。

實施的源頭在釐清事情，若和策略相關的所有事情都能被妥善的處置，策略目標的達成機率就大幅提高。

策略是高度複雜的組合體，和策略相關的事情既多且雜，所以規劃者的第一步是列出所有要做的事情項目；規劃者可以任由心緒奔馳，隨意的寫下想到的事，這些項目必然不可能在同一時間被處理，因此得想法子建立起它們之間的關係。

關係有先後和平行兩種，先後關係表示有些得先執行，執行完成後才能再執行下一件事情，平行關係表示有些事情沒有前後的關連性，所以可以和其他的事一起進行；把這些先後、平行要做的事都串接在一起繪製成類似於有主幹、支幹及樹葉的樹狀結構，成為執行策略的完整步驟，或稱它為程序。

只有步驟或程序並不能確保這些事情可被做好，還得深入的探討並界定每一個步驟的執行方法。

在商討執行方法時因為有許多相關人員的參與，雖然七嘴八舌卻也同時揭露執行時可能應思慮和注意的大小事項，有助於事先更完備的思考預防的方法和提高達成度；為了檢核事情是否按設定的方法執行，得同時設定使用這些方法應該產出的文件、資料或具體成果，以便執行控制與稽核的人能客觀的評估和顯現執行的狀態；在所有的步驟中加入時間要求的因素，就成為一份完整可以實踐並期待的計劃。

「徒法不足以自行」明確的點出不論規劃的方法多完善，如果沒有適當的人選確實的執行，規劃也只不過是一份精美的書冊而已，對企業而毫無意義。因此緊接著就得安排適當的執行人選，如果策略涵蓋的範疇很小，負責的人選可能只需要一兩人，相對容易安排；然而企業變革作業所涉及的策略，攸關企業的走向和未來的發展，不再侷限於少數幾個人的變動或適任性考量，可能是部份或整個組織架構的大幅變動，這也是變革作業中繼策略分析之後必須深入探討的主題：組織變革。

39 組織變革

因事而設人，非因人而設事，是企業建構組織不變的法則。

為了想要獲得策略目標所帶來的輝煌成果，企業費盡心思規劃詳盡的執行步驟和方法，但是徒有規劃不足以自行，適當的人和一群人建構的組織是讓規劃變成事實的關鍵因素。

企業的組織型態有其形成的時空背景，因應不同時期的需要會有不同的組織架構，逐步演變而成現在的型態，它可能適合現在的需求和競爭環境，卻未必適合未來策略目標的要求與環境條件。

當許多人的工作內容、工作方式、管理模式和組織架構，為了滿足未來的要求而大幅度變動時，我們稱它為組織變革。它屬於企業變革的一環，並根基於策略方向與策略目標。

大部份的組織具備如下之特質：在運作一段時間後，作業逐步僵化且規模傾向無節制的膨脹。

標竿企業的組織型態常成為其他企業競相模仿的對象卻未加深思適應與否，同樣的情形是企業在成長過程中所建立的組織型態，因為擁有成功的記錄也就一直被延用和複製，卻罔顧企業文化背景與時空環境的差異。

當業務量不斷成長時，慣常以直線等比方式增加直接人員，人員的增加使溝通和管理問題的複雜度提高，於是再增加間接人員補其不足，企業逐漸落入費用成長高於獲利成長的深淵，因此大部份的組織很容易就陷入體態龐大，作業複雜又無效率的境地。

人對日常熟悉作業的習慣，既得利益者對權益的極力維護和本位主義的作祟，使組織變革之路總是荊棘重重無以為繼。

企業經營者如欲解此難題，運用企業變革的手法不失為脫困之道，由經營分析著手，從策略面切入，自然的導出對應於策略目標，有利於企業未來發展和全體員工之利益但有別於目前的作業方式，順理成章的重新界定所有職位和人員應有的能力要求條件和設計出新的組織架構。因為引發組織改變的程序嚴謹而有條理，有效的化解大幅度變動帶給所有員工和管理幹部的疑慮，實施的阻力隨之下降。

至此，未來的組織型態初具雛型並合於邏輯，但是它仍然只是規劃與想像中的虛擬產物，在未經實務驗證前，沒有人可以保證組織變革是否真如設想帶來實效，故而企業變革的最後一個步驟就是依據規劃設計的新組織架構，選擇主要程序取各種類型的試樣，以實際作業真實測試來發現它思慮未盡完善之處並據以微調，避免新的組織正式運作時因思考不夠周延衍生而出的混亂和抱怨。

40 如何設計一個新的組織？

舊鞋好穿，舊物順手。舊的事物讓人安心並帶來幸福的感覺，新的東西充滿著不確定，引發疑慮擔心，所以安於現狀恐懼改變，是大部份人的心態寫照。然而社會的進步卻是新觀念、新做法衝擊所帶來的結果，當大家嚐到甜美的果實時，才轉而承認並接受它們。社會就在新思唯不斷的衝擊中邁進，有謂後浪推前浪，一波消失在沙灘石礫間另一波緊接而至，以譬喻新潮流不可抵擋之勢和無歇止的動力。

永續經營是所有企業經營者共同的目標及心中的夢，但是經驗數據卻顯現大相逕庭的事實：企業的平均壽命遠短於人的壽命。

屆齡退休的耆宿回顧兒時熟悉的品牌或企業，倖存者曲指可數，表示現在的成功並不代表未來會成功。企業的傾圮肇因於快速變遷的環境，吞噬掉那些應對不及者，間接的顯示出企業間的競爭比人與人間更激烈，如果企業未能保有靈活的身段即時改變應對，遠不如個人尚可苟且偷生。

環境變動促使企業以調整來適應，策略是由高處望遠所提出的企業走向，而組織則是讓想像的未來轉化成事實的主體，它得不斷的或大幅度的調整結構展現組織力來滿足策略目標的要求。

當經營者在設計一個新的組織架構時，得抓得住下述的一些特質：

一、切分和重組是建構新組織必經的過程，切分的適當，重組在一塊時就不會有銜接不順暢和不夠周密的問題。簡而言之，設計建構一個新的組織其實是在執行一項切分並重組成不同風貌的藝術，結果的好壞在於設計規劃者的管理素養和處理事情的周延。

二、切分的方式並沒有一個放諸四海皆可遵循的標準，但是有些原則可以掌握。設計規劃者首先得從企業所在產業共有的商業行為處理順序和企業特有的行為模式著手思量，也就是說商業行為由發生至結束全部過程中的各個段落或某幾個段落的組合可能就是最適合的切分點，依此原則而設計的組織結構因為完全根源於事情處理的先後順序，未來就可以避免不同部門間因功能重疊，反倒讓某些事情沒人處理，陷入三個和尚沒水喝的窘境，並可避免推托卸責。

三、新的組織不要讓一件事件在兩個單位間重複往返，得讓它在同一個單位內處理完畢。單位間如果有許多重複往返的事，必然會增加彼此溝通的次數和時間，它是企業經營無效率的禍首，生產力就在無數的討論、商議和爭辯中一點一滴的流失。

許多企業因為某個單位工作人員的能力成熟度偏低和條件不足，到處尋求其他單位的支援，或將一個完整的工作劃分成幾個小部份分給其他單位，若其他單位也有類似的情形，則整個組織交織成一幅錯綜複雜無效率的網路，身處其中的任何人都會陷入無能為力的忙亂中。

四、每一個被切分出來的單位，都得想法子清楚的計算單位的效益，而且不論是投入或產出均能以金錢來衡量。換言之單位內所有人員的工作責任效益都能被清晰的界定；如果某些工作因為跨單位參與者過多無法明確的釐清，就得思考是否讓這類的工作集中在一個單位內完成，或揚棄舊的做法重新設計新的處理程序和對應處理人員的歸屬單位，當每一個單位甚至於人員的貢獻均能以金錢衡量時，利益的分配趨向合理，自主性管理才有可能。

切分組織的基本原則係以事情處理的順序和順暢為出發點，可以避免既得利益者為了維護現有地盤和權益爭論不休，許多企業常陷入這類不會帶來效益的權力競逐中，使組織變革遲滯不前和變質。

41 組織中人數多少才適當？

人多好辦事，因此組織中總是人員一大票。

如果由控制的難易度看企業的管理，可以概分為彈性和無彈性兩個區塊。彈性是指這件事物的狀態或處理方式，因為情境變化很容易被調整，反之無彈性就是不易被調整。

屬於彈性的事物，當企業發現問題時，投以適度的關注，問題即迎刃而解，它所帶來的損失很快獲得控制，管理者只要運用基本的管理能力，就不會帶來太大的麻煩，企業中眾多的雜瑣事情都屬這類，也因為容易處理而順手，成為大部份管理者願意且經常在做的工作。

無彈性的事物則完全不同，因為缺乏彈性非常不容易被調整，如要調整勢必得大動干戈，大部份的時候得面對來自各方面的阻礙，同時得付出龐大的代價，甚至一段時間內還可能影響企業的正常營運，主事者因此躊躇不前，最顯著的例子就是人員減少和辭退。「請神容易送神難」指的就是這件事。

當業務持續成長的時候，員工人數自然增加，此時很少有經營者會仔細的思量增加的人數是否恰當，通常是單位主管為了即時完成工作，順理成章的以等比例提出增加人手的要求，當每個單位都提出相同的需求時，組織人數迅速的膨脹。

產業景氣有循環變化，企業營收難避免的受到影響，若以高峰期的員工人數為編制，當企業營收低迷時，編制人員的固定薪資和對應的其他費用支出成為企業最沉重的負擔，許多企業常因此陷入成本高漲、產品競爭力下降、業務量縮減的惡性循環中。

組織變革在新組織架構中挑選人員和設置人數時得掌握下列的原則：

一、人對了事情就對了

找對了人，事情自然會上軌道。新組織架構各單位的主管必須挑選可勝任立即上手的人。

因為新組織架構下的新運作模式，存在不熟悉、不確定下必然帶來的風險，因此各單位的主管就不能挑選尚待學習，不是非常熟悉運作細節和沒有豐富經驗的人。事情和人員雙重的不確定將帶給新組織加倍的風險，常因此模糊了組織變革的原創意義。

二、參考企業歷年的營收記錄

參考企業歷年的營收記錄，將組織所需的固定人數設置在營運低峰時必須的人數。

每一個單位處理事務的能力都有伸縮的彈性，利用彈性範圍來應付營運高峰的需求，人力就可以始終控制在適當的規模。

下列幾種方式決定彈性尺度：

（一）在法定範圍內可適度增加的工作時數。

（二）某些非關鍵的工作可以外包的方式，臨時交付給熟識的商家代為處理或增僱臨時員工以應急需，替代性高或上手容易的工作，彈性範圍就大。

（三）改變工作的方法和內容。

三、人數增加經常是無效率的產物

人員數目的增加經常是無效率的產物，所以在設置人數時，得費心的統計並確定人員應有的生產力標準。

如果實際的生產力低於應有的水準，則問題不在人數的多寡而在做事的步驟和方法；當新的組織架構以高標準的生產力配置人數時，將驅使單位主管致力於步驟和方法的改善，導入正常良性的循環，而非汲汲於爭取增加人手，陷企業於困境。

四、新組織是企業求取進步的契機

新組織往往是企業求取進步的契機，因此人員生產力設定的標準必須高於舊組織。

換言之對全部工作人員的要求標準都得提高，但同時別忽略了對達到高標準的團隊給予對等的績效報酬，以產生激勵的效果。組織變革的規劃設計者在提升效率、生產力前題下配置人數時，不能忽視這項重要的配套因素；可以將組織變革節省的用人費用和增加獲益中提撥一部份，作為聘僱較佳能力員工的薪酬，並以誘人的所得留住表現良好的員工，藉以跳脫聘僱低薪員工可節省成本的迷思和魔咒。

人多並不一定好辦事，反而經常成為累贅；組織所需要的人數貴在精不在多。

42 哪些事影響組織運作的效率？

如果以一句話精確描述變革的目的，那麼企業變革是在開創新局，組織變革則在提升效率。

談到企業的效率，很快的連想到錢。

有效率的企業意味著可以較短的時間，耗費較少的人力或物力做完一件事情或產出一樣東西，而且維持一定的品質水準，換言之就是花費較少，所以不論企業所提供的是有形或無形的商品則比較有競爭力。

競爭力帶來的對價關係是贏得客戶對企業與所提供產品的信賴，故而銷售量增加獲利提升，這種連帶關係所導致的結果，完全符合企業是營利事業單位的特殊屬性與成立企業最直接了當的宗旨；不論管理者用了多少華麗的辭藻和專業術語來包裝各種管理作為，追根究柢是在追求效率，一言以蔽之就是花最少的錢做最多的事賺最大的利益，所以如若企業中的任何行為不能滿足上述的條件就是無效率。

效率的高低是比較的結果，比較必有標的對象，可分為和自己比較與他人比較兩種，如果比之前的我或比競爭者好，就是效率提高，反之則效率降低。經營者相當然爾亟欲了解影響效率的因素，如果能抓住重點，就可對症下藥改善效率，換言之獲利因此而提升。

影響組織運作效率的因素有下列數種：

一、一切照規矩來因而失去彈性

組織由眾人集合而成，因有管理的需要訂定了規矩，經時間的累積規矩越來越多，相對的限制也越多。單項規矩在訂定時未必能滿足所有的狀況，加上環境變遷使原先的規矩漸漸的不能符合現時的需要，如果承辦人員完全照章行事，將使企業陷入政府機構最為人垢病的官僚作風中，企業因此喪失應有的活力，這種情形最常發生在年代久遠的企業。解決之道就是定期回顧各種規定是否符合現時環境的需求，如不合時宜即刻修正，並且賦予執行者行政裁量的空間，以因應實務上的需要。

二、組織結構過於複雜，花費過多的時間在溝通聯繫

企業不斷的成長加上因應短暫的需要，組織結構不知不覺中越來越複雜，直線的隸屬關係加上橫向的功能別管理，再套上地域的概念和產品別的分類管理，相互交織成一幅錯綜複雜的權力結構和聯繫網絡。

單純的一件事情，涉及的管理與執行單位多如牛毛，為了面面俱到，得分別通知、知會、說明、取得諒解、共同協商、相互討論建立共識、分頭執行、合併討論、各自存檔，所有的黃金時間大部份虛耗在聯繫、溝通、訊息傳遞和等待上，真正花在做事的時間明顯的不夠，效率自然隨之而逝。

這種情形特別容易發生在結構體大、分佈地域廣及產品別多的企業，表面看來組織嚴密，實則反應遲緩；解決之道就是組織結構簡化，讓隸屬關係單向明確，設法合併某些管理內容並合理化使事有專責，切除共管的關係，或切分成數個體積適中獨立營運的個體，只需重新回復到單純、適當規模和權責分明

的管理模式即可迎刃而解。

三、作業程序反覆，延宕了處理時間

處理事情最佳的順序應該是一關接一關直到結束，中途沒有反覆。事情的反覆肇因於程序設計不良及交付者沒有把事情做好因而退回重新處理；沒有必要的傳遞、等待和重做是效率的殺手，解決之道在重新定義切分做事的段落。

把握以下的原則：事情如果能在一個單位內處理完畢就不應在中途分到別的單位後返回。同時戮力推行以下的觀念：不接也不交沒做好的事，並搭配績效評比以落實自我管理。

四、責任、績效評比和獎賞不分明，大夥兒一起分擔，大家沒責任

俗語云：「人為財死，鳥為食亡。」工作的表現如果能和個人的利益明確的結合，求好求快和榮譽心比較容易被激發出來，以個人或小團體實質的利益為導向的管理模式，永遠有其基本功效；管理者慣常將它運用在直線生產與銷售人員的領域，也可以擴及所有的幕僚單位，讓每個人每個單位都清楚的知道

自己的工作和付出為企業帶來多少實質的貢獻，而且多一分的付出可多一份的收入。

五、員工花很多的時間做了一堆沒有實質意義的事

另外一個普遍存在無效率的因素是許多的員工花很多的時間做了一堆沒有實質意義的事。

絕大部份的主管當權力在握時，會不加思索的隨個人的喜好或一時興起，要求部屬做這做那，提供一大堆的資料，大部份不了了之並沒有採取相應的措施；這些五花八門各種資料的提供逐漸累積並成為例行性的工作，佔據了許多人大部份的工作時間；無意義的瀏覽同樣也壓縮了主管的有效工作時間。召集會議討論、說明是另一樁費時而無效率的代表性事項，這些現象皆肇因於主管的心態和認知，換言之口口聲聲要求提高效率的人卻是組織所以無效率的罪魁禍首，所以當組織變革時，有這種習性的主管皆應被排除，以具備高度執行力者取而代之。

六、不知善用現代化的資訊工具

不懂得善用現代化的資訊工具，經常是組織效率難以大幅提升的原因。經營者和部門主管對資訊系統的陌生，以致不能充分展現它應該有的功能，使資訊系統淪為花錢但效益不大的花瓶，或因此猶疑等待而錯失最佳的時機。資訊系統除了因具備快速運算及處理的能力，可以大幅度的提升效率外，它還可以有系統的累積知識，對員工處理事情的效率更有加乘效果。

組織變革就是要展現不同於以往的做事模式，資訊工具的充分運用是設計組織結構和考量提升效率不可乎視的一環。

只要和效率提升有絕對關連的所有因素都是組織變革時的重要考慮事項，合併思考才能規劃、設計、籌組一個符合策略方向和目標且有效率的執行團隊，企業變革才不會淪為理想、口號或一場空。

43 組織變革應如何往下推展？

策略方向有了，策略目標確定，企業的問題和形成的原因已清晰的呈現，提升組織效率也有了方法，未來的組織架構已設計出來，再往下推展就是選擇各單位的適當主管，責成他們共同規劃新組織實際運作時的作業架構。

實際運作時的作業架構包含了下述的內容：

一、各項作業程序。

二、各程序間的關連性結構。

三、各項作業程序的主要作業步驟和方法。

四、作業重點和注意事項。

五、作業需要的時間、要求的水準。

六、執行者和應具備的條件。
七、每項作業應有的產出、使用的工具或設備。
八、各類訊息傳遞的方式和核准途徑。
九、運用的表單和得到的報表。
十、作業步驟間稽核點的設置和稽核的方式。
十一、對資訊系統的需求。
十二、績效評比的方式和各單位內的細部組織架構。
十三、人員職掌與需求人數。

從以上羅列的項目可知準備內容包羅萬象，含蓋了新組織架構期望有效運作的全部事項，因此參與規劃細部作業架構的主管和工作人員，必須謹慎的挑選對企業的運作有豐富經驗和有想法的人，這也回應了前面提及的縱使是優秀的人才，但缺乏經驗和尚待學習者，難擔此重任。

規劃細部作業架構的人選，還得吻合另一個前題，他們得付出全部的心力，也就是說規劃期間必須專心一致，否則難竟其功。道理很簡單，規劃細部作業屬模擬性質，得思前顧後的想像可能發生的各種變化和異常狀況，得花很多的時間藉辯證找到最適宜的工作模式並提出防治之道，如果規劃期間仍然兼顧原先擔負的工作，必然顧此而失彼，甚或兩者均失。當未來組織細部作業規劃人選也就是未來各單位實際的負責人選時，他們目前的工作必須交由職務代理人承接，同時也帶來培養接班人的附加功效。

有些人把上述的細部規劃作業稱為「企業程序再造工程」或簡稱為BPR（Business Process Reengineering），但兩者有程度上的差異。企業變革所執行的作業程序規劃結合了企業對未來發展的企求，它可能創立了一個全新的運作模式，而不侷限在維持舊有的組織型態和管理模式下小幅度的調整與改善。

如此的細部規劃作業，在需求條件均配合的情況下，耗時有限，但帶來的效果超乎想像的大；幾乎所有的企業都是在不斷的摸索中逐漸形成目前的規模和建立起運作的制度，因此習慣性的認為企業變革也可以依循相同的方式，因而遭致挫折和帶來災難。

大型組織缺乏隨意變動快速調適的特性，因此任何調動和調整均應經慎密的前置作業，方可避免適應期的混亂和拖延，否則即如同兩軍對陣，如各隊人馬均任憑已意推進，終因步調不齊相互踐踏、推擠亂了陣腳，減低了戰力。

44 模擬作業程序降低組織變革的風險

研發人員運用日新月異的新科技，在產品設計之初即以模擬作業來探索各種狀況下可能發生的變化和問題，再將模擬作業得到的結果回頭用來矯正缺失強化設計。不論是集科技大成的航太工業或小至一般的民生用品，這些統稱為電腦輔助設計的各種軟體和模擬實境的設備，讓設計產品的速度加快並貼近實際的狀況，大幅度的提升產品的可靠性，也適度的控制發生異常風險的機率。

模擬作業因為可以帶來明顯的好處，在工業的運用上已經成為常態，同樣的想法也被延伸運用在新產品上市前的市場測試與調查；市場行銷人員首先鎖定客戶群，藉取樣客戶的需求，它可以大大的降低貿然上市帶來的風險。這種抽樣測試和調查也是模擬作業的一種，都是希望事先測知以避免事後的懊惱，雖然得先耗費一些人力、物力和時間，比起因輕率而引發的巨大負效益有如九牛之一毛。

組織變革和新產品設計或上市一樣，都是新的東西，在未開始使用前，如果能事先模擬各項作業程序的各種狀態，得知可能引發的問題與影響，作業程序的細部規劃者就能預做調整和準備，避免實施後紛至沓來的問題和連串的紛擾。

作業程序的模擬作業由探討現在的作業程序開始。

行之有年的做法和目前的實際狀態是探討的起點，目前的做法必須被逐條修正使適合新的組織架構；既然談修正就得同時考慮去除現在做法中存在的問題和提出解決無效率的方法，否則修正成為無的放矢失去意義；換言之新舊作業程序得拿來比較彼此的優劣點，當好與壞並列時，則不難取捨。

每一項作業程序都必須繪製成一幅完整的作業流程圖，作為未來實做的依據和宣導訓練的教材，因此它必須以標準的格式呈現，以免繪製者和閱讀者各自解讀產生偏差，所以訂定作業程序的標準表現方式、規範和教導相關人員熟悉繪製方式和工具，是探討作業程序前必要的準備工作。

模擬新的作業程序是為了解決舊問題、提升效率與人員工作的重安排，所以除了程序以外，還包括了選用最適宜的工具、描述工作重點和標註注意事項。

工具種類包羅萬象，在程序中最常運用的工具不脫「表單」和「資訊系統」，這兩種工具是串連作業程序的靈魂，或者也可稱為讓營運系統順暢運作的神經系統；作業程序中所有的指令和處理結果，皆可藉表單傳遞與呈現，所以在設計表單時，得考慮如何確保資料正確的填寫或輸入；如果名詞定義不清，解釋隨人而異，資料內容就不會精準正確，傳遞的訊息必然產生偏差，問題也就層出不窮；這些名詞的定義都得以文字詳細的描述，方便使用者隨時查閱；為了避免人為輸入資料的失誤，設計表單時得考慮設置防呆機制，也就是說當執行者誤填出錯時，很容易被偵測出來，為了滿足上面的需求，資訊系統成為必然運用的工具。

作業程序的規劃設計者，應當把由系統取代人工的期望需求逐項的寫下來，以便資訊人員未來能量身訂作新組織架構下的資訊系統。

各級的管理者為了掌控所屬組織的運作狀況，得仔細的思考他們需要何種資訊，這些管理資訊慣常以報表方式呈現，其原始數據得自於作業程序中輸入的資料，如果作業過程中沒有輸入建立資料檔案，則無從統計分析或者得事後費時的蒐集，不僅資訊的正確遭到質疑，也是無效率的肇因。

因而作業程序模擬作業時，規劃設計者得根據各級單位主管需求的管理報表，於表單設計時即將相關數據項目列為表單的內容。

很像是憑空想像的模擬作業程序，它根源於舊的作業方式，藉由有想法和豐富經驗的一群人，結合組織變革對新組織結構、新效率的要求，精心規劃設計出符合未來策略方向和目標的作業步驟和方法；探討作業程序的過程中，眾多人的腦力激盪描繪撰寫成一套細緻實用的手冊，為組織變革的成功預鋪一段坦途。

45 串接作業程序使整體作業順暢

因為作業性質的差異，執行者專業能力的要求不同，加上作業難易度、作業時間及工作負荷量的差別因素，所以企業把從頭到尾的一件事拆分成許多的段落，每一個段落都有一群特定的人負責處理這個段落內得做的事。為了便於管理於是在小群體內設立管理者形成小單位，許多的小單位建構成企業的組織。

同一單位內的人員因為工作性質類似，專業背景相近又經常在一起做事，長時間相處之下逐漸形成一個有凝聚力的團隊。單位主管為了展現個別團隊的績效，運用各種方法鼓吹強化凝聚力，只要是凝聚力強的團隊排他性也相對大，於是逐漸形成本位主義。這一群人只關心所屬團隊的利益而不顧他人得失，最終卻可能因此傷害它所隸屬的更大團體的整體利益。

未來組織架構下參與作業程序規劃的單位主管和協同參與者，因為前述的因素不知不覺中陷入本位主義的情境中，每個單位都站在自己的立場設計有利於自己的程序和訂定標準，可能完全忽略了其他單位的需要也不以為意。

由經營者綜觀全局的高度來看，當然不希望發生這種情形，他希望魚與熊掌兼得，既喜悅於各單位有強烈的凝聚力，又期望彼此間相互體諒站在對方的立場思考並合作無間；但這樣的期望如沒有其他更大力量的介入無異緣木求魚，此時只有依賴未來組織的最高領導階層挺身而出，以整體利益為考量，用心的串接作業程序提出整體面的要求，他必須在各方爭執不休難以建立共識時擔任客觀仲裁者的角色。

在新組織架構的基礎下，當各單位所有的作業程序都規劃設計完成後，經營者可以參考下列的步驟將所有的作業程序串接在一起：

一、先將作業程序依關連度區分為有關連和無關連兩大類。無關連的作業程序屬於某一個單位獨有的作業，和其他單位無關，影響層面小暫時擱置。

二、將所有相互關連的作業程序，依據該企業所在產業的定型商業模式，由開始至結束，依續排列成一條主要的路徑，對浸淫在同一產業多年的重要主管而言並非難事；將此主要的路徑繪製成作業程序主架構圖，此圖將作為未來程序解說及步驟說明教育訓練的教材和修正時的參考依據，所以事先規範繪製的方式有其必要；如果企業有許多的事業單位都得做相同的事，則統一的繪製規範有絕對的必要，以便所有的人有共同的理解。

三、在嘗試連結時，應當很快的檢視每一個作業程序的內容，看看單一作業中是否有遺漏的程序，或上下相連的兩個作業程序是否有斷點，並適時補足；如果兩個作業程序間有相互重疊之處，則應適度的取捨重新分配。

四、當作業程序的主要路徑完成後，得將並行作業列於主路徑之兩旁，並連結到主要路徑上；並行作業之間也有前後的關連性，依上述相同的方式檢視並行作業關連的合理性並適度的修正。

五、當主要路徑和並行作業都完成連結後，作業程序的關連性結構已大致確定；針對此結構，經營者得重新回顧主要路徑的各項作業程序，計算一件事從頭到尾所花的時間，是否符合新組織結構下對效率的要求，如果不符合標準，得重新設法修正程序、切分工作段落、指定工作內容並思考採用不同的工具，以滿足原先設定的要求；套用相同的方法以檢視併行作業的合理性與效率的要求。

因為最高主管的親身參與，使組織變革中居成功關鍵地位的作業程序規劃，更加符合事先所期望的整體性要求，為企業變革預埋成功的種子。

46

如何確保作業程序的落實執行？

當新組織架構下作業程序的步驟、方法和注意事項，在規劃人員細心的思量下設計完成，並提出執行者應具備的條件、工作內容和需要的人數後，各作業程序的關連性結構和要求效率也經最高主管確定，組織變革即將進入執行的階段。

徒法不足以自行，此時執行者和執行方式成為企業變革是否能落實的最重要因素，選擇適當的人，施予針對性有效的教育訓練，是耳熟能詳最普遍的方法，都可以促使執行者本人提高其執行滿意度；但是除了寄望員工的自學與自覺因素外，企業還得搭配精心設計的制度，兩相結合的加乘效果，可使落實執行的程度被高度期待。

許多主管都苦惱於部屬未能按要求做好事情，用盡了方法卻效果有限，卻輕忽了一個重要的因素，其實部屬對事情應該做到何種程度，才符合事情本身與主管要求的標準相當模糊。大部份的主管慣以籠統的詞彙讓人模不著頭緒，易產生認知偏差，所以主管和部屬首先得共同定義對事的要求標準，避免模稜兩可語意不清的陳述並盡可能訂定量化的指標，無需鉅細靡遺，只要針對影響重大特別需要注意的部份，提出詳細的說明和可以達成及足以客觀判定的標準即足夠。

這些標準在作業程序中所在的位置，稱之為「控制點」，意即它必須受到其他人的嚴密監控，以保證事情能符合設定的水準否則不能繼續推進。控制點大都設定在程序和程序交接處，也可視需要安置在程序內，因為有專人監控，作業執行者自會剔勵。

表面看來控制點的設置屬負向的管理方法，但如果結合配套措施，可完全轉為正向的激勵。因為量化指標可清楚的呈現執行者的績效等級，績效和個人收益及升遷有直接相關的配套措施，則必然產生正向的激勵；他人的監控反而可明確的證實表現優異和評比的公正客觀而受到歡迎。

另一配套措施是組織得允許處於程序承接端的單位和個人，可以拒絕接受程序上端不合標準的東西，如因此產生的所有損失，均可依既定規則換算為金額並責歸肇因者，且和績效評比及收益掛鈎，順理激發戮力執行求好的驅動力。

控制點是保證確實執行的關口，雖然管理者均期望執行者藉自我剔勵達到要求的工作水準，仍難避免得設置稽核單位按稽核頻率和方式執行把關的工作，並將實況即時反應給組織的最高主管，以收即時改正的效果。

以作業程序為基礎擇重要事項訂定明確的量化的要求標準，有第三單位客觀的評價，責任分明績效公平透明，個人收益可以預期並即時兌現，作業程序何愁難以落實執行。

47 新組織的主管如何監控事情的進展？

組織變革在實施前的重要準備步驟是：規劃設計新組織架構下的作業步驟和方法，並以模擬作業事先探知未來可能遭遇到的問題，這些作為都著眼於預防，雖然如此仍難杜絕實際運作時產生其他的問題，但至少經過詳盡的規劃作業可適度的將問題限縮在比較狹窄和可控制的範圍內。

實際運作時產生問題的成因可能源自於執行人員的不適當或作業疏失，也可能因為環境條件的改變所引起，單位主管職責中非常重要的一部份就是即時發現、處理並解決它，如果能更進一步的提出預防之道，則該主管的表現足以令人激賞。

主管要處理實際運作時所發生的問題，基本前提是他得隨時掌握事情進展的狀況，他可以由下列的方式獲得相關的訊息：親眼目睹、聽別人告知和閱讀資料。

許多的管理者奉行「行動管理」的做法，其主要的精神就在藉由親眼目睹和聽當事者的告知，獲取第一手的資訊以便即時處置。對積極任事責任心重的主管而言，此無疑是最直接最有效的管理模式，付出的代價則是耗時和耗精力，也因長年超時工作帶來傷害健康和犧牲家庭生活的副作用。

如果充份的資訊可以達到相同的功能，單位主管則可仿效三國時代的孔明，羽扇綸巾氣定神閒，運籌帷幄決策於千里外，以現代資訊系統的進步和網際網路的密佈，就工具而言提供即時的資訊絕非難事，癥結在主管是否清楚的知道到底需要什麼資訊，又如何由資訊中發現問題和找到發生問題的真正原因。

欲達到這樣的要求水準，單位主管首先得依賴經驗，從作業程序中回顧並羅列出曾經遇到和可能發生的所有問題；每一個問題得定義其特有屬性和重要程度，相同屬性的問題歸於一類，類別中再依各別項目的重要程度排序，建立起問題與發生原因的關連結構。

這種手法和品質管理運用的要因解析極為相似，當重要的問題資訊項目關連性結構都確定後，單位主管得進一步思考這些資訊項目應包含的內容、表現方式、資訊獲得方式及必須提供的時機。

當實際的數據和標準之間有相當差異時，即演變為必須處理的問題，因此單位主管得訂定可接受的標準值，它必然是量化的指標；當差異產生即將成為問題時，資訊系統必須發出警訊通知責任主管，從已建立之關連性結構，單位主管可以透過連續及階梯式的查詢輕易的找到發生問題的原因，大大的節省主管各地奔波，聽取告和參與冗長會議的時間，加速決策和解決問題的速度。

新組織的主管只有善用資訊的便利，才能滿足組織變革對效率提升的要求，捨此之外別無他途。

48 建立職務工作說明書，使員工有所本

如果你期望員工恰如其分的做好事情，就得讓他們完全清楚自己在組織結構中所處的位置、具備的功能、所擔負的工作內容，和這份工作的重要性與組織對他們的期望，換句話說就是知道自己在團隊中扮演的角色。

這些訊息都應該以淺顯的文字登載在屬於這個角色應該擁有的文件中，以便他可隨時參閱，仔細的揣摩、回顧並有所本的自我調整行為，這種文件通常稱為「工作說明書」或「職務說明書」。許多企業都備有類似的文件卻未必具備上述的完整功能，因鮮少利用而聊備一格。

組織變革所規劃設計的新組織架構，被期望帶來新氣象、滿足未來的需求、持續保持領先的優勢和開創新局，這些都得仰賴組織結構中擔任各項職務

的員工，恪守本份扮演好自己的角色，詳盡的工作說明書是達到這些期望的敲門磚。

因事而設人是建立組織結構的基本前提，而作業程序的規劃、設計和模擬作業是確保未來執行順利成功必要的基礎工程。

各種職務所擔任的工作散置在各作業程序中，編纂某一職務的工作說明書只需將分散於各程序中的工作彙集，就成為以作業程序為基準完全符合實際需要的文件；避免了臆測、遺漏和不切實際與額外的要求，不會淪為封存難見天日的檔案。因為作業程序中同時詳細的標示了工作項目、使用方法、注意事項、對工作要求的標準和期望績效，因此這些內容自然也囊括在工作說明中，也滿足了工作說書必須一目瞭然恰如其分的標準。完整而清晰可促使單位主管客觀審視各規劃職務是否有勞易不均的狀況，而微調其工作方式和內容，使工作的配置更加的均衡。

看得見的公平合理，可適度降低人員異動所帶來不確性的風險。

單位主管最後得針對每個職位仔細的思考他們的價值。

一齣戲中最引人注目的通常只有男女主角，他們吸引了所有觀眾的目光和獲得全部的掌聲，但是如果沒有其他角色的陪襯和幕後人員的通力配合，一樣黯然失色。影劇界有些做法足資企業的參考；他們會在影片播放前或後列出所有付出心力者的名單，讓參與者與有榮焉，他們也會在年度電影競賽的盛會中挑選傑出的幕後人士，公開表揚並稱頌他們的辛勞，這些做法都是以公開的行動來肯定他們努力工作與付出的價值，雖然實際的收人遠不及男女主角，但受人肯定的內心滿足感沒有缺少。

主管可以相同的心理思考每個職務帶給組織的價值，清楚的呈現在工作說明書中，讓每個人都知道他們在組織中存在的意義，員工只有在工作的價值受到他人明確的肯定時，才能抬頭挺胸不計利害欣然努力的奉獻。

組織變革執行階段的成功，有一大部份建立在各級員工的恪遵職守，用心的撰寫工作說明可助一臂之力。

49
如何挑選對的人來執行？

眾人皆知，一項複雜工程的成功，是所有參與者共同努力的結果。執行團隊中從位階最高的領導人至執行細節的卑微員工，只要其中一人出些差池，就會帶來相當的麻煩和挫折，很多時候某些行為的影響程度和執行者的層級並無正比的關係。

一個顯著的例子：機械中拿來鎖定物件最常見的小螺絲釘，相較於被鎖定的物件，它價格低廉、微不足道，但是只要鬆脫則會釀成巨災，對於那些特別講究安全的飛行器和行動器而言，鎖螺絲釘的小動作和螺絲釘本身，與其他的大型組件如引擎等，受到同等的重視；相同的道理，組織變革在執行階段，選對各階層的執行者並教導他們把事情做好，與選擇最高領導者一樣的重要。

許多企業擇人的條件和受擇者即將承擔的工作之間，直接的關連度不夠因而所擇非人。

決策者大部份憑著對某項職務的刻板認知和受擇者的整體印象，即輕率的做成決定，雖然藉由徵詢其他主管的意見可補部份的不足，基本上還是受限在舊框架中。

組織變革促使作業程序大幅度的變動，同時調整改變各職務的工作內容和要求標準，這是執行變革時在事情部份必須面對的不確定性風險，因此挑選執行者得更加謹慎，務必讓人為因素的影響降到最低成為可控制的因素；最直接有效的方法就是一開始就找到適任者，使學習曲線的斜率大幅增加，換言之是能立即上手。

要達到這樣的標準，擇人所需的條件就得和新作業程序中的工作內容完全結合。

每一件的工作內容都有它對應必要的能力要求，將工作內容所有項目所需具備的能力匯集在一起，經整理分類及按重要性排序後，就成為該職務最貼切的任職條件，以此來評估候選人，逐次的篩選則能組成一個具有立即執行力的可靠團隊。

適才適所不應採用嘗試錯誤的方法或憑藉直覺與機運，它應該建立在因事設人的基礎上，先決定要做的所有事情，再確定做這些事情的人應具備的條件，選適者任之。

50 以政策說明指引困惑的執行者

我們都有如下面的經驗，在一個初次前往完全陌生的地方，來到交叉路或十字路口，不知何去何從的徬徨油然而生，如果此時只能倚賴自己的判斷，走對和走錯路的機率各佔百分之五十，值得欣慰的是走錯還可重來。

人生的旅程中一路走來都是岔口，但錯過了就很難重來，如果重來通常換得是白了少年頭的唏噓。回顧來時路或過往的人生，大家多麼期望在岔口處有長者賢人，能適時指點迷津和方向，少走一些冤枉路。

組織內的狀況和人生的際遇類似。執行者在處理事情的過程中，也常碰到模稜兩可需要抉擇的兩難狀況，一方面得照章行事，另一方面又覺得可能因此引發其他的問題會帶來負面效益而覺得不甚妥當，此情境總是困惑那些涉世未深的執行者和資淺主管們。在一個龐大的組織體系中，他們不易得到明確的答案，照章行事反成最佳自保之道，卻可能因此為企業帶來一些損失，如果在每一項的作業程序中都有類似的情形，累積的損失則難以估算。

企業營運問題絕大部份存在於為數龐大的基礎作業中，當小單位主管和執行者在日常作業不時面對困惑和抉擇時，高階主管應該就是適時指點迷津的導師，可是囿於頻繁的人員異動和高階主管的忙碌，使隨時解惑成為不可能的任務；如果能把相似的情形歸類，將判斷解決的理由與方法寫成言簡易賅的政策說明，執行者面對困惑時就可隨時參閱運用，如同導師親臨教導，問題迎刃而解。

政策說明具備下述的特質：它是經時間淬鍊過，文字化可傳承的經驗，可成為企業經營完全契合實務並精準複製的癸花寶典。

作業程序能清楚的描繪組織處理一件事情的程序、步驟、方法和應該注意的事項，但是不足以充分的陳述執行過程中應該遵守的原則和遭遇兩難時的抉擇模式；政策說明得以彌補其不足，使作業程序更為順暢且行事方式完全符合企業的策略方向。當底層單位的作為中未依循策略方向的擾動部份，降到最低水準並受到控制時，集中的力量將帶來難以置信的成果。

撰寫政策說明由狀況陳述開場，高階主管藉定期、有計劃的與各單位相關人員的訪談，可以獲知執行單位的所有實況，擷取其中經常發生困惑難解並帶來許多後遺症者，進一步剖析原因和根源評估影響程度，解決順序於焉獲得。

決定政策除倚賴高階主管的經驗和智慧外，尚可透過多方討論使政策更周延並具前瞻性和完全符合企業既定的策略方向。

高階主管慣以口說闡述對某件事情處理的原則和看法，接收訊息和獲益者僅及於當時在場的有限聽者；企業或個人寶貴的營運與人生經驗，如果能廣及於所有的員工，甚至延伸至未來的員工，它的效益自然倍增而緜延；欲達到這個目的唯一的方法就是訴諸文字，有云世間能流傳於世永垂不朽的除了音樂外就是文字，可見文字影響力的巨大。

政策說明的文字不同於描述或說明性文章，得掌握精簡、淺顯易懂的原則，並應結合和作業步驟的發生順序，才會因為方便、實用而產生實質的意義和效用。

51

建立知識庫提升企業的競爭力

近幾十年來人類社會各方面的快速進步幅度，感覺上幾乎是過去數千年人類文明累積的總和。促使大幅進步的因素中，訊息傳遞工具革命性的躍進首居其功，透過網際網路各種訊息在彈指間可以傳遍地球各個角落，便利的搜尋工具更有推波助瀾之效。學生們撰寫報告已不再苦於資料的貧乏，聰明一點的會在別人已建立知識的基礎上演繹出新的或獨到的見解，人類和社會可能因此向前推移了一小步，類似的情形在全世界各處不斷的發生，進步速度因快速累積而飛躍。

處於這樣的時代，努力工作已經不再是企業持續成功的主要因素，知識取而代之躍升為主宰成敗的關鍵因素。

由宏觀的角度來看，我們可以光明正大的從全人類所共同建立的大知識庫中輕易而廉價找到需要的資訊而獲益；就微觀而言，企業也似乎應在企業所處的產業中建立自己獨有的知識庫，一方面讓企業小社群內所有的人，都能充分運用內部網路和搜尋工具，隨時迅快的找到工作所需要的知識，甚至發展出新的獨到的知識，以維繫企業的競爭力而不墜，另一方面也為人類整體的進步盡一份棉薄之力。

絕大部份知識的呈現有其特有的形式要素，必須轉化為文字才便於保存和快速的重現。

企業內有條件將經驗和看法轉變為知識的主管或員工，絕大部份不具備憑空構建議題及以文字模式邏輯化呈現知識的能力，加上忙碌的工作使他們無餘力撰寫，逼使企業知識庫的建立得另覓他途。

對以務實為要的企業而言，最有價值的知識並不全然是泛用性的觀念，作業過程中處理事情屬於針對性的應對方式更受青睞。這類的知識通常包含了下列的基本要素：面對的情境、情境解析、思考的邏輯、決策考慮的因素、判斷和處理的方法、處理的結果與評價。

在事情發生和解決當下，熱度尚存記憶尤新，若以慣用的報告格式，記錄過程、闡述思考的邏輯、判斷因素與處理方法相對容易，知識也就在不知不覺中逐漸建立，與實務結合的知識更增添其可用性。

企業內知識的另一個特色是相同的事件總會重複發生，可藉逐次的累積漸趨妥適，並由再利用而擴大效益。

一個亟欲建立有前瞻遠景的企業，完整實用的自有知識庫，是邁向卓越和儲蓄成長動力的根源；在變革的氛圍下，順勢將知識建立的模式和新的作業程序結合，是推動改變時可以一併進行的好時機。

52 建立知識庫的好方法

知識的建立非經累積和用心難竟其功。細水長流持續不斷是企業欲建立知識庫前應有的認知，它絕對不是責成管理單位籌辦一個活動引發短暫的熱潮可得其果。企業內的知識特別講究實效並可重複使用，務期投入資源得到最大的效益，所以知識建立有輕重緩急之分以便循序漸進，藉由組織內部人員的廣泛參與所決定的順序，可以消除部份來自於執行者的障礙。

寶貴的知識得受到良善的管理，所以企業免不了事先得將企業中可能建立的各種知識，依屬性分類，一方面可存放相同類型的資料便於加速搜尋，分門別類也比較容易按需求強度控管知識的安全。

企業中知識的分類和圖書館的圖書分類方式不同，得以使用的便利性為優先考量，因此採功能部門別作為分類之首，再依各功能部門所需知識的特有屬性作為次分類的項目；過細的分類項目對知識存放者而言，易產生認定和歸錯類別的困擾則應盡可能避免，它可以藉由充分運用資訊系統強大的文字搜尋功能補其不足。

刻意的事情新鮮刺激，偶一為之令人印象深刻，但難持久，它不符合知識累積得持續不斷的特質。

如果企業明確的認定知識是未來競爭力的構成要素，且打定主意長時間持續的建構，則最好採用自然的模式。隨日常作業程序所建立的知識就具備這種特性，藉由格式化的報告內容，可以讓目前正參與其事的當事人，在記憶猶新時較無困難的記錄心得，經驗與知識因此在無形中得以保留傳承。

對撰寫報告者而言，不論撰寫內容的複雜度，撰寫本身可能就是一種困擾，如果有固定的格式和參考樣本，困擾將大幅的下降；就一個已設立多年的企業而言，作業程序中關連知識的報告俯拾皆是，比較欠缺的是格式化的規範和內容的完整度；由案牘成疊的歷史資料中可輕易的找到最適切的格式與範本，如若補充加入面對選擇時判斷決策的參考因素和邏輯，其完整與實用性將大幅提高，一篇平凡的報告也因此轉化為寶貴的知識。

單位主管以身作責擔負起以新格式、新內容撰寫舊案例並形成參考範本的帶頭者，此其時也。

企業中有用的知識應非雜亂無章之記錄，必然得經過篩選、整理、補充和確認的程序，並經過時間的淬鍊故而彌足珍貴，所以只要涉及可能是知識的陳述，得透過常設的單位或委員會審慎的核定。

知識能為企業帶來正面且持續的效益，結合有效的獎勵措施，額外的鼓勵員工在知識層面對公司所做的貢獻，對企業而言理當如是，對員工而言形則成誘因。千萬不要認為將個人腦中的知識建立成文字檔案並和他人分享是理所當然之事；處理一件事情的具體結果，個人、群體和企業總是互蒙其利，但知識卻是極端抽象的東西，原先僅存在工作者的腦中，只有運用制度的約制和適當的激勵，才能自然的誘發員工，無保留的以文字將抽象轉化為具像，達到保存和分享的期望。

當企業中各種知識的建立和分享，因互惠逐漸形成習慣和風氣時，企業變革所引頸期盼的遠景才有機會成為事實。

53 以常設機構建置知識

企業在建構組織時，很自然的以可以觸模、看得到的事務處理，為組織構成和切分的要素與單元，例如：設計、採購、生產、銷售、服務、工程、總務等，對於那些抽象、不易捉摸的工作，通常都由現有組織各單位中的成員以分攤或臨時指定的方式處理。

隨著大環境的進步，企業組織中原本被特別重視處理具體事務的組織單位，作業水準逐步趨於一致，差異縮小，處理抽象事務的優劣，反而成為企業建立未來競爭力的主要因素，因為它會對具像的事務產生革命性的影響。人力資源、資訊科技和知識是最顯著的例子。

當人的素質提升、人員穩定及激勵發生作用時，產生的效果遠大於投入於硬體設施的單位成本效益。許多企業看清這個事實，因此將一貫隸屬於管理單位的人事部門獨立為人力資源，專責處理和人相關的所有事務。本質上同樣歸屬於處理抽象事務範疇的資訊部門也是相似的例子：訊息傳遞的準確和快速，絕對是企業未來致勝必備的條件，所以企業爭相投入資源建構一個資訊傳遞完全電腦化的環境。

當人力資源和資訊逐漸受到企業普遍的重視後，更為抽象的「知識」似乎成為企業未來致勝的法寶。

傳統所熟悉的作業程序、工作說明、表單等已不能滿足未來的需求，未來的獲利也已不再完全倚賴經濟規模和節約的成本，而是建立在知識的基礎上，當企業擁有愈多的知識，獲利也就愈多，成長就愈快；全球性的大企業藉由智慧財產所賺的錢，已和憑藉生產與銷售的獲利相當，充分證明知識在未來的重要性。

知識的重要性與日俱增，處理和建立知識的活動已非舊有組織內的成員可以分擔，設立固定的組織統籌其事成為必然。

知識建構者應具備的特質迥異於處理日常事務者，他們必須具備絕佳的邏輯分析能力、快速接受新事物的本事、對未來趨勢發展有相當的敏銳度及流暢的文字化能力，還得有辦法由經驗豐富的同仁中挖掘出寶藏並彙整成知識，有規劃、有步驟和節奏、並系統化的建立與儲存知識，使建構知識成為常態持續不斷的工作。

當抽象的知識被文字具像化後，它必須和新知發表與教育訓練結合，藉以進一步顯現知識運用所帶來的效益。當愈多的員工愈快愈容易的接收訊息並可立即運用在工作上時，具體的成果就能明確的呈現，這些期望在缺乏常設機構長期的推動下，很難被實現。

組織變革，如果只是舊組織的拆解與重新組合，只能帶來短暫而有限的效益，將符合時代潮流趨勢的元素加入其中，成為與時俱進的組織，變革的效益更令人期待。

54

資訊系統建置在企業變革中不可或缺

人類社會演進的過程中，不論在任何一個階段，將前後期相互比對時，都可以明顯的查覺其中共同存在的差異就是「速度」的改變，速度幾乎已成為進步的同義字。

社會中所有的活動因為速度加快所累積的能量，推動整個社會向前邁進，人們生活的步調從悠閒、與世無爭的農業社會，進入分秒必爭、高度緊張的現代社會，舉目所及到處可見的速食餐飲，是現代社會講究速度下的代表作。人們連可以短暫放鬆心情的吃飯時間都耐不住等待且不得閒，一寸光陰一寸金，現代社會的行為模式明確證實了古老諺語的真知灼見。

唯利是圖的企業把速度提升當成是企業競爭的利器，竭盡心力的籌思提升速度的所有方法；窮盡各種努力後，企業的經營者開始體認到一向隱身在幕後的資訊系統，在各項速度的提升上可以扮演重要的角色，資訊逐漸的由幕後走向台前，成為速度全面提升的推手。

資訊可以說是現代的產物，它創造出屬於自己特有的表達方式，傳統為人所熟知的語言和表達方式在資訊領域派不上用場。它常將一成串的字縮寫組合成一個簡單的代碼，每一個單字的背後，又有其特殊含意，因此非資訊領域內的人很難以一般熟知的字義，體會組合字群所代表的含意。

由一大堆這種文字組合成的說明，經常讓人有丈二金剛模不著頭緒的感覺，企業經營者在認知不夠清晰的情況下很難作出明智的判斷，資訊化的程度因此未必完全符合環境和事實的需要，不是期望過高就是觀望保守，經營者常因花了大錢但不能滿足期望卻又不知如何是好而苦惱。

資訊系統必須滿足現實的狀態與未來的需求才產生實質和最大的意義。然而，浸淫在資訊領域中所謂的專業人員，對企業經營的實況通常所知有限，對使用者提出來的需求則難心領神會。使用者卻苦於不清楚資訊工具可發揮的功能和限制，限縮了資訊系統在速度與效率提升上的效益，決策者、使用者和系統設計者三方，在觀念、想法和做法與要求都有落差的情況下，為資訊系統的全面推展帶來莫大的阻力。

企業變革的基本目的，是要建立起不同以往並和競爭者拉大差距的綜合作業模式，善用現代與未來的各種工具是變革作業項目中不可或缺且重要的一環，決策者、使用者和系統設計者三方必須在重新建構資訊系統時，找到盡量運用與發揮資訊系統長處的方法，讓它成為提升速度與效率的另一個重要的元素。

55 如何成功的建構資訊系統？

相同的工具，使用者不同，評價和效果相異，到底是工具不好，還是使用者本身所造成？這樣的爭議始終存在卻莫衷一是，此類的爭議發生在資訊系統建置後尤其頻繁。

資訊系統是供使用者傳輸、儲存、演算和運用資料的一種工具，使用者得按照系統設定的方法，輸入、存取、運用資料和訊息，才感受得到資訊系統帶來的便利與效率，如果不能照章行事，天生即缺乏彈性且完全制式化的資訊系統，自然不如以往人工作業的方便；但爭議並非因此而起，事前的思慮不周、導入程序的嚴謹度不足，使應該在規劃、分析、設計階段得預為處理解決的問題在系統正式使用時一併爆發，才是癥結所在。

修改已經上身又不能脫下的衣服難度超乎想像，使用者群起反彈所帶來的壓力，足以讓決策者做出棄系統不用，重新回到原來狀態的決定，建置系統的大筆花費和投入的人力資源因此形同付諸流水。

企業想要導入任何的資訊系統之前，欲防止這種情形發生，決策者首先得用心的思考系統建置的目的何在？它不應只是一個籠統的概念和期望，得提出確切的各項要求和對應的量化數字。

就企業變革而言，在規劃準備階段，規劃小組重新設計新作業程序時，即應針對欲解決的問題在作業程序中加入資訊化需求的項目和內容，界定各作業程序中資訊系統所擔負的角色和預估可帶來的效益，並精確的格式化資料輸入與輸出的內容、對象及時機，輔以圖文清晰的描述，這份文件將成為系統設計者的主要依據和驗收的標準。

在資訊系統所帶來的直接效益中，速度通常是最直接可衡量的指標，經過人工工時的減少直接轉化為成本的降低，速度加快獲利則提升，因而可以精確的計算資訊系統的投資報酬率。

成功的建構資訊系統，以完善的作業程序為基礎，明確的資訊需求為骨架，以是否滿足原先設定的便利性、速度指標與量化的金額評核其優劣，而細緻的事前規劃作業則是成功導入系統的保證。

56 建置資訊系統時得提出哪些需求？

客製化的資訊系統，使用單位通常得事先提出下列的需求：

一、以圖文詳細描述期望資訊系統處理的所有作業程序和詳細步驟

企業變革於規劃設計之初，重新規劃新組織架構下所有相關的作業程序，它是新組織未來順利運作的基石。資訊系統的需求單位只需挑出以資訊系統為工具的作業程序，和資訊系統設計者共同模擬資訊系統作為媒介時的運作模式，在系統限制和使用單位理想期望取得平衡的過程中，重新合併、分離或重組某些步驟，以此建立資訊系統的基本架構。

二、指出作業程序中每一個步驟需要輸入系統，和利用系統查詢的資料內容

傳統的作業模式下，作業步驟需登錄的資料或查詢的資料內容，係以表格與紙本報表方式登錄和呈現；採用資訊系統時則改以電腦畫面顯示，但是為了配合資訊系統歸類、儲存和統計分析不同於人工作業的特性，各欄位的名詞均應給予明確的定義和分類，欄位內所填註的內容也得清楚的界定其表現方式，有時還得制定縮寫代碼以應所需。

三、列出作業程序中每一個步驟需要輸出的資料

為了瞭解作業進行的狀況並執行適度的管理，使用單位的主管們得憑藉豐富的實務經驗，回顧作業程序中最可能發生狀況和亟欲掌握的項目。清晰列出他們需要的報表格式、內容、目的和出表時機。一份沒有經過整理的基礎數據資料，常因繁雜而減損其管理意含，則無異於資訊垃圾。

四、指定作業程序各步驟之資料輸入、輸出、傳遞的對象與執行速度

資料的主要途徑依循作業順序與步驟，系統使用者藉由模擬資訊傳遞，再次檢視作業程序設計時可能未發現的漏洞，並進一步加入資訊自動知會模式和提出對速度的要求。速度由兩個面相組合而成：資料輸入的便利性及資料處理的反應速度，兩者合併的時間長短視為系統是否滿足使用者需求的重要指標之一。

五、提出因系統使用可減少的作業步驟和人力

自動化能力的提升經常是企業導入資訊系統的主要動機之一，資訊系統的使用單位，應本於企業變革對工作速度與品質提升的要求，和系統設計者共同思考如何藉助資訊系統強大的運算、彙整和傳輸的功能，節省某些工作步驟，取代部份的人力作業。

以上這些需求宜檢附在各作業程序流程圖與說明之後，作為資訊系統設計者建置系統時遵循的指標。

57 客製化或買現成的套裝軟體何者為當？

量身訂作意味著可以做到完全合身，但耗時且所費不貲；市購現成品，價格便宜現買即用，但多少得屈就統一的規格。

市售成衣滿足了大部份民眾遮身蔽體和保暖美觀的需求，訂製服則滿足那些有特殊目的、追求時尚、品味和不在乎花費的小眾，各有所需各尋其法；在看似極大的行為差異中共同受到一個因素的約制，那就是量力而為，基本上在能力範圍內選擇喜好的方式就是適宜的。

企業變革作業項目中，資訊化的完整度是達成變革非常關鍵的因素，除非企業本身是獨佔、寡佔或擁有獨門的知識與技術，可稍微縱容資訊傳遞效率的緩慢和不足，否則資訊化的完整度經常左右著企業競爭力的強弱。當資訊化程度不夠時，企業對某些潛在問題和重大事件的反應及事務進展的控制能力，就會落後於資訊化完整度較佳的競爭者，長時間累積的結果將逐漸消蝕掉企業的活力，抵減了企業其他面向的優勢。

建構企業資訊系統時，企業經營者必然得面臨完全量身訂作或採用現成裝軟體的抉擇，其基本前提和選擇訂製服或市購成衣沒有兩樣，就是量力而為。

小型企業沒有足夠的人力和物力資源開發和維護一個完全客製化的資訊系統，採用現成的套裝軟體無疑是最適宜的決策，它可以在極短時間內帶來經營者期望的效果。為數眾多的小型企業其經營型態具有普遍性，銷售量大的套裝軟體因為客戶群多，系統對各業種的涵蓋面廣泛，大部份的小型企業都能找到對應的業種和類似的經營模式，縱使稍有差異，小型企業以先天具備的彈性強度，自我修正作業模式以適應套裝軟體的限制也不困難，因此套裝軟體自然成為小型企業建構資訊化的最佳選擇。

大型企業在面對資訊化完整度建置時就複雜的多，通常大型企業均已具備一套運作多年基本的資訊系統，所謂基本的資訊系統，簡而言之，就是能處理該企業由接單至出貨和結帳相關連的主要事務。不論現存系統的運作狀況如何，它必然不能完全滿足企業變革後的需求，因此企業經營者得在強化原系統和構建全新系統間抉擇。

強化舊系統基本上是屬於自己動手建構完全客製化系統的做法，前題是企業內部資訊團隊的能力得堪此大任，能在有限的時間內，在舊系統上加入新發展的資訊技術和經營管理需求元素，此時外部的顧問因為在瞭解現有資訊系統結構上有進入障礙而難助一臂之力，故而得完全依賴企業內部的資訊團隊；然而資訊團隊雖然對企業運作的細節較為熟悉，但可能面臨新資訊知識、技術和管理素養不足的窘境，以致新系統難以滿足企業變革對未來的要求，因而建構一個全新的系統可能是較佳的抉擇。

如果舊系統的運作效能可以滿足企業未來的需求，只是範圍稍嫌偏狹和欠缺其他的管理元素，企業只需針對不足之處強化；如若強化項目外界已有成熟的套裝軟體，則無需耗費人力、物力自行開發，但得克服外購套裝產品和原系統相容性不足的問題，以現今的資訊技術，幾乎都可找到解決的方法。

企業如想要建構一個全新的資訊系統以適應未來所需，當然已事先做好準備，知道它的目的、期望的作業方式、各機能扣連的環節和欲達到的效能。此時企業可以拿這些條件和各類的套裝程式比對，仔細的分析各家系統的吻合度和優劣；吻合度愈高表示套裝軟體準備上線的時間可以縮短，客製化的比例也較低，企業所投入的資源可以控制在一定的範圍內，而且成功的比例高；如果企業本身的需求極為特殊，市售套裝軟體吻合度偏低且難變更調整，則完全客製化的資訊系統成為不可避免的選擇，那麼企業內部資訊團隊的超水準素質和外聘資訊顧問團隊的豐富經驗，為成功構建系統最關鍵的兩個因素，企業並得因此付出極高昂的建構成本。

它是否因此可帶來對等的效益，全在決策者的謹慎和方寸間，量力而為依然是企業經營者在拿捏時的重要思慮準則。

58 如何活用資訊系統，發揮最大的功效？

如果不能善用，花了大把金錢的資訊系統，充其量只是一個以電子方式記錄和傳遞大量數據的工具，但是如果充分發揮它的特長和功能，資訊系統可以成為企業的利器。

以人為出發點觀察管理行為，或可經由會不會與知不知兩個面向來說明管理結果的差異。

近十數年來，人力資源受到企業界廣泛且深度的重視，各種評斷、挑選或培養人才的方法不斷的推陳出新，搜尋與培養人才的架構因而越發的緜密。就一個中大型規模的企業而言，在如此的氛圍和架構下，能夠被挑選拔擢為主管者，得經歷極度激烈的競爭和考驗方可脫穎而出，若說他們因為不會，以致管理結果欠佳的可能性大幅降低。

但為數眾多的企業在這些主管團隊的管理和帶領下，營運狀況卻起起伏伏，各種問題不斷發生所帶來的負效益，抵消了挑選好人才應該有的正面期望。問題的原因或許已不再是個人能力適任與否的單純，而是這些主管壓根就不清楚事情進展的動態狀況，總是事到臨頭才倉促應對，以致各級主管均陷入到處救火的忙亂之中。

許多的企業甚至以主管們忙碌的程度評價其貢獻，而助長這類行為的合理性；如果有一種工具能早一步在問題發生前顯示警訊，這些基本上具備一定程度的主管群應該就有辦法提早防範而有條不紊，進而氣定神閒的管理。

資訊系統的強大功能使預知、提早防範、條理式的管理和維持企業的穩定成為可能。

數據經過整理、比對、分析後，才會成為有利於管理和決策的有用資訊。

基礎數據為數龐大，尤其得依賴資訊系統優異的運算能力，將龐雜的訊息經運算整理後，以簡化的格式呈現出事情的真實面貌和進展狀態。

資訊系統本質上是用來傳送、記錄、儲存的工具，工具運用的巧妙與否，繫乎使用者的巧思與本事。換言之，運用者必須將數據演算的方法和最終表現的格式與內容詳細的說明白，資訊單位人員方可完整的將需求設計在系統中，發揮它強大運算能力的本質，將事實和問題即時或事先呈現在管理者眼前。這些經過整理的實況資訊還得和管理者預先設定的期望值比較，顯示實際和期望標準的差異，方可帶給管理者實質的意義。

一位善用資訊系統的管理者，他首先得回顧在負責管理的領域內，應該關注的重要事務有哪些？它們各自的最小組成因子為何？建立起彼此間的關連性和關連強度，設定各因子應該達到的標準，並規劃呈現即時狀態的內容和時機。

將所有的需求表列和格式化後，就可以找系統設計人員完全客製化系統，並進一步要求將各種營運狀態以圖形化的方式呈現，由系統自動顯示差異警訊和通知當事人；這些功能都可由系統主動執行勿需偏勞人工作業，對一位水準以上的管理者而言，深信只要系統提供的訊息即時、扼要、清晰且正確，他們就能立即做出正確的判斷和採行必要的回應。

不同企業間的差異，有一大部份可歸因於對各項事務反應迅速和確實的程度，善用資訊系統正可助此一臂之力。在企業變革作業中，尤不可疏忽了各級管理人員在強化資訊系統過程裡所應扮演的關鍵角色。

59

建立整合連貫的資訊系統

大家族的繁衍，由兩異性個體因機緣結合開端，下一代出生育成後，又和另一個異性結合，循相同的模式，數十年或百年後建構成枝葉繁盛的家族；因為和異性的結緣及生子育成，都是在隨機狀態下發生、進行，所以大家族內的成員可能散佈於全球各處，人種也可能多元。你我都是某家族的一分子，親身參與其中自然體會深刻。

企業的開始、成長、擴張和大家族的繁衍過程類似，沒有一定的規則可循。因緣際會使企業脫離預期的軌跡卻意外的擴張，可能跨足完全相異意想不到的領域。行業的多元和幅元的遼闊，對企業集團的掌控者而言，無疑是最大的挑戰和無比沉重的負擔，如果延襲習以為常的管理模式：親眼所見親耳所聽事必躬親，總有一天受到時間和體能的限制而無以為繼，許多的企業經營或掌控者對傳統習性的執著，導致企業的營運陷入起伏不定隨機變化難以預測的境地。

運用新的工具並改變管理模式以適應新型態，是企業集團管理者必須努力學習和調適的事。

在管理領域內新工具或新思維的誕生，常掀起管理模式的改變，資訊系統的整合式運用是近十數年來引發管理模式變革的重要推手之一。

大型企業管理之不易並不在規模大、業務種類繁雜和企業單位的散佈與遠距，癥結點是身處中樞的管理者「不知」各子公司的真實狀況，和各子公司「不知」管理中樞確實的想法、期望和要求；小規模的企業藉由企業主的勤快可以面對面的接觸解決這些問題，大型企業只有透過完善整合式的資訊系統來傳遞訊息，達到親自接觸親眼目睹的相同效果。

大型企業在發展擴張的過程中，因為是隨機衍生且當時的資訊系統尚未成熟，不可能事先思慮到資訊整合的問題；各子企業多半依循子企業管理者的意念和因應所處地域環境的限制條件，各自發展出符合當時需求的資訊系統，當集團掌控者被情勢所逼亟欲進行整合時，問題就變得棘手。

集團企業欲建立整合連貫的資訊系統，可以下述方式著手：

一、建立起共同的語言

每一個行業和不同的地域有它獨特的用語，相同的一件事有許多不同的用語，也可能是相同的文字卻有不同的意含；雖然如此，企業管理原本即具共通性，應關注的管理事項全球相同。

集團企業必須選擇一種全世界最普遍運用的語言，作為各種不同用語間溝通的橋樑，英語可能是目前最佳的選擇；以它為基本語言，將該企業在管理上應關注之共有項目的名稱確定，並給予詳細的定義，使蒐集資訊、製作報表和閱讀解析者不會因個人認知差異產生錯誤的解讀。

為了適應各產業和子企業所在地域的習慣性和官方限定用語，得分別製作對照式名稱，並運用資訊系統於兩者問自動轉換，滿足子企業和企業集團管控者雙方共同的需求；如果兩者間有定義內含的差異，內含分項的個別陳述與二者間分項差異的轉換和彙整，必須被清楚的顯現並由資訊系統自動執行調整，使完全符合管理項目原先的定義和訊息使用者的認知。

二、建立共同的資訊表達格式

習慣差異常造成雙方溝通和訊息傳遞的障礙而且虛耗時間解讀；在各種溝通和欲呈現的管理項目名詞與定義均一致化後，集團企業得針對管理關鍵事項與內部事務性頻繁往來的訊息，設定一致的格式，作為內部訊息傳遞的標準。格式中各項目的文字可藉由資訊系統自動交互轉換，或以共同的語體為本，輔以對照語言，以適應各別的需求。

三、建立子企業間與子企業和集團管理單位間資訊往來的固定模式

如將企業集團視為單一企業，其所屬子企業和單一企業內的功能單位並無二致，彼此間自然有上、下、左、右往來的關係；這些往來作業不能任由執事者的偏好而有差異，集團企業的掌控者得仔細的界定彼此間往來的事項，並建立起聯繫管道和詳細的作業模式，有如單一企業體處理經常性事務得建立標準

作業程序一般。它們都得以流程圖和文字詳細的記載程序、作業步驟與方法。因為已建立共同的語言和共同的資訊表達格式，所以以電子訊息建立企業集團和子企業間連貫作業的資訊系統自然水到渠成。

60

關係企業親如兄弟帳得明算

和陌生人交易，賣方盤算的是這筆交易獲利的多寡，買方則度量交易所帶來的價值是否和付出的金錢對等，雙方也都清楚得銀貨兩訖各不相欠，交易規則和市場秩序就建立在如此簡單的基礎上。

開放自由的市場，競爭者眾，激烈競爭的結果，聰明的生意人除了得在產品下功夫外，原來銀貨兩訖簡單的交易條件也成為競爭條件的一部份，五花八門的巧思無非是賣方希望爭得生意獲取利益，買方則期望減少支出增加價值，雙方算計的結果，增加了交易的複雜度。

企業的實值收益和繳交給各地政府的稅金有正比關係，對跨地域的集團企業而言，稅金成為可以充分運用以減少支出增加實質收益的工具，使買賣間原本已複雜多變的交易條件，因為賦稅的考量衍生更多的變化和組合。

經營者就在這樣的環境中，挖空心思靈活調製出各式各樣的組合模式且習以為常。

生意蒸蒸日上，各子公司在時勢推導和因緣際會下紛紛成立，原本小規模的企業逐漸形成企業集團的架勢，各子公司間因為血緣相通或多或少互有往來，關係密切的建立在產品或服務上下游的鏈結上，而有實質生意的往來，關係較疏遠的則秉於同根生的兄弟之情而相互支援。

不論是產品、服務或支援性質的往來，都涉及交易條件，企業經營者很自然的把對外交易習以為常所考慮的事項和方法，移轉運用到企業內部，將企業集團整體營收的表現視為最優先考量的因素，因而扭曲了視子公司為獨立營運個體應遵守的交易規則和管理原則，以致各子公司未能完全清晰的呈現它真實的成本、獲益、營運績效和建立起客觀的競爭優勢，模糊了現實也提供營運不佳者卸責的空間。

企業集團的掌控者經常迷失在左移右挪的迷障中而昧於事實，無數的大企業總是在整體經營績效持續滑落一段時日，責難紛至時僭然醒悟，可惜苦果已經吞噬。

親兄弟明算帳是看待關係企業最佳的準則。

企業集團得視每一個子企業為獨立營運的個體，他們都得自力更生，才能從艱困成長過程中，建立起未來賴以生存和茁壯的獨特競爭能力。

所有來自企業集團的協助，如同尋求外力般得支付等值的報酬，受者才懂得珍惜。關係企業間產品和服務的往來，視如一般客戶的交易，雙方都得用心的洽談最有利的交易條件，如果內部的子公司所提供的產品、服務與交易條件不如集團外的供應者，管理者必須以個體之最大利益為考量標準，無親疏裡外之分；每一個子企業都秉持相同的經營原則，經營體質和表現好壞自然一目瞭然，去蕪存菁的結果留下的都是有競爭力的企業，何愁企業集團整體營運不夠亮眼，也無需憂煩於子公司間不合商業邏輯違背政府法規的利益挪移。

企業的營運管理如果能秉持正規的商業原則，並不會因為體積龐大而增加困難度，倒是掌控者耗費過多的心力，在關係企業間任憑已意的東挪西移營業收入和利益，亟求獲益最大化的結果，反而掩蓋了事實真相和應立即處置的問題。

校正企業集團似是而非的管理模式，引導各級管理者將智慧、經驗與心力運用在對的地方，是組織變革時在高階管理制度面必須費心之處。

61

校正被扭曲的績效，還原真相

因為交叉投資的血緣繁衍和企業集團整體利益與利害關係的考量，企業集團內所屬各子企業間交織成錯綜複雜的關係，如果不能以客觀的態度對待每一個個體，則難免因彼此間各面向密切的往來，於經營績效評比時增加辨識的困難度。

當單一事業單位的經營績效不能被公正客觀的評價時，藏污納垢成為必然，或迫使某些優質經營人才離職他就，此均非企業集團的管理者所樂見。

防止這種情形發生，首先除了得遵循親兄弟明算帳的原則，明訂關係企業間各種往來與支援項目的合理對價關係外，還有下述的做法可以適度的校正被扭曲的經營數據，以澄清事實：

一、得自於自家人提供的利益不能算作經營績效

許多企業集團關係企業的營收，幾乎全數得自於自家人的訂單和需求，這些因政策指示必然產生的收入，屬於「容易」營收，類似於紈絝子弟的錢財得自於繼承或父母的溺愛，無形中將使子企業的經營者喪失獨立求生成長茁壯的能力，完全無力和在企業叢林中以拚鬥見長的對手一博。

這種類型的子企業必須被明確的要求逐年提高外接業務量的比重，直到這部份所產生的營收成為支撐子企業的主要動力為標準，並限定以它為績效評比的主要因素，如此方能有效的激勵子企業的經營者力爭上游開創新商機，避免淪為其他關係企業的附庸。

二、沒有經過比較的成績不算是真績效

績效的好壞是比較來的，再亮麗的成績都不能只看它的表面而不究裡，經多方比較依然名列前茅，才充分的顯現並證實經營者的真本事。

很多企業的營收變化和環境因素有密切的關連，當環境升溫情勢變好，再差的企業都能隨勢成長表現亮麗，如其成長幅度不及產業趨勢所引發的平均成長水準，該企業的實質經營績效則歸屬於落後群乏善可陳；企業集團的管理者惑於表面數字，稍不慎則可能誤判情勢錯失改正的機會；當產業趨勢處於循環中的衰退階段，若事業單位的衰退幅度小於整體的負向變動水準，反倒顯現它有堅實的抗衰退能力，雖然表面上營收數據不佳，骨子裡卻是經營績效良好。

除了和整體環境的變化與趨勢比較外，企業經營績效的良莠還得和同位階的競爭者比較，如成長的速度不若競爭者或衰退的幅度大於對手，則明確的顯示事業單位尚有不足，績效評等自然受到影響；若企業營運處於絕對領先的優勢時，自我前後期的營運成績進步幅度成為評斷績效的主要依據。

三、意外的收益非收益，意外的損失是損失

想要長久永續的經營企業只有依賴周詳的計劃，在確切的政策的指引下，朝目標有步驟一步一步的推展，經過長時間不間斷的努力，及歷經挫折所換得的成果和報酬，才彌足珍貴而持久。

意外的收益只是營運過程中的小插曲，來得突然也在轉瞬間消失，它不是因真本事換得的結果，不符合績效評比的原始定義，自然不能穿鑿附會的視為子企業經營者的績效，只能視為意外之財，應自營收數據中剔除，免受到好運氣之譏評。

除了集體性難以抗拒的天災，任何人為意外的損失均可由管理制度的設置，達到事先防範的效果，這也是企業管理者的基本職責。許多的管理制度以意外為藉口來迴避責任或以財務手段加以掩飾，企業集團的管理者自然不能呼應其做法，得將損失忠實而即時的反映在當期的營收數據上，藉由不佳的績效給予企業當頭棒喝，以達到力求改善和彌補的效果。

習以為常的舊觀念和做法得隨時勢推移而調整，以適應新的組織架構和運作方式，它是企業集團在執行變革作業時應同時執行的配套措施。

62

建立企業複製機制

單一企業體成長到相當的規模，設立子公司為必然面對之事；企業集團更因資源雄厚、觸角多元，新事業單位不斷的建立亦為營運管理內容的常態事項。

新事業單位由設立初期的蓽路藍縷到營運管理步上正軌，誰的速度快，就表示投入的資源得到最有效的運用也就愈有競爭力。模式愈類似的子企業，複製的速度愈快，也愈能掌控設立成本和稍縱即逝的商機；營運模式差異較大的子企業，雖然不能完全複製，仍可擷取共通的部份快速的運用，因此而節省的人力和精力，得以投注在解決差異與建立新營運模式上，同樣可有效的縮短摸索的時間。

許多企業在建置新事業單位時極度的欠缺制式化複製企業的章法，仍慣用見招拆招的方式應對，彷如重回資源匱乏、缺少經驗時期所呈現的緊張、忙碌、狀況不斷的窘況。

一個完整、有效率的複製機制包含下述的條件：

一、具備周全的企業複製程序

和企業內部的作業程序相似，企業複製也得準備制式化的作業程序和實施方法，以文字和圖說完整而詳細的說明必須準備和進行的所有事項，每一事項也應具備執行方法的說明、標記特別注意的地方、必須達到的標準，以及所有可參考運用的文件、表單和既有之規範；各事項間以前後或並行的順序關係連結成完整的程序結構圖。

絕大部份的企業已建構完備的內部標準作業程序，擁有各式的文件和詳細的經驗數據，但對設立子企業標準的複製程序卻付諸厥如，其所需的各類文件和經驗數據因為散置在各功能單位或個人檔案中，徒增新事業單位籌辦人員搜集的困擾，以致拉長新事業單位進入營運正軌的時間；企業集團有必要指定專人或設立固定的組織，規劃建置標準的企業複製程序，以少許的人力的投入，換得快速擴展的效益。

二、有標準組成的企業複製團隊

企業集團擁有較充裕的資源為其優勢所在，除多年累積的經驗外，還培養出一群擅於執行的好手，平常他們都散佈在各子企業的不同功能單位中，如果不能藉由功能明確的組織有系統的集體運作，則猶如散沙般難以產生凝聚效益；因為欠缺標準的企業複製程序，複製團隊不易在第一時間內籌組成專責任事的團隊，取而代之是散兵游勇式的隨機支援，徒增混亂與忙碌並難免遺漏而延宕時程。

三、有共同的管理規則和典範

充分授權是各子企業得以發揮最大功效的必要條件，但背後則是由一套共同的管理規則和典範為支柱，兩者結合相互為用。

當子企業各展所長時，仍保有集團企業一貫的風格和形象，這就是共同的管理規則和典範產生的功效；它經由謹慎周全的討論並明文確定後，成為企業集團約束各子企業的最高指導原則不得違背；因為沒有彈性變動的空間，企業集團才能建立統一而鮮明整體形象。

企業變革在考量強化企業集團的管理功能，期望各子企業既能各展其長又能產生綜合效益時，建立標準的企業複製機制是應被慎重考慮的項目。

63

企業集團如何保有小企業的彈性和活動？

龐大物體對外界刺激的反應速度必然不如體形嬌小者來的敏捷，這是一般人的共同印象，從物理學的角度很容易得到驗證，因為接受相同的刺激，較大體積的物體得經過較長的路徑才能傳達到指揮中樞的大腦，反應訊息的回傳也經由相同的途徑，兩相加總的路程長度差異，相對小體積物體的反應就慢了些；但是龐大物體的力道大，發起威來影響深遠，多少彌補一些反應不即的缺憾。

許許多多子公司和關係企業所組成的企業集團，相較於單一組成的事業體，企業集團無疑是龐然大物，免不了顯現反應遲頓的共同特徵，因而阻滯了營運效率。低效率將逐步的侵蝕企業集團長久以來在客戶心中所建立的信賴度，當賴以維持營運和穩定成長的主要支柱傾圮時，企業集團將明顯的感受到發展遲滯和衰退。

下述方法的綜合運用，對企業集團縮短反應時間、增加彈性、活力、增進營運效率有值得參考之處：

一、訂定各子企業必須共同遵守的營運規則和典範

人類的社會在數千年的演進過程中，從嘗試性接觸開始，藉由通商、婚姻、宗教和文化的交流，在頻繁的衝突、妥協、接納、融合後，逐漸找到一些不分種族和地域共同認定的普世價值，譬如：天生具備的人權，宗教、思想和言論自由，律法前平等，倫理，公平交易，尊重文化等等，這些東西讓各色人種於交往時，因為有準則而產生一定程度的約束力量，彼此相安無事。

企業集團雖不若人類社會的複雜多元，其實也需要有它自己特有為大家共同認可和遵守的營運規則和典範，對內約束各營運個體，對外彰顯企業集團的整體形象。

這些營運規則和典範都是經過長時間的淬鍊並綜合眾多經營管理者的見解而形成，因此所有的管理者較能無疑慮並發自內心的遵守，不再需要他人的監督、核示或提醒，也可避免許多無謂而重複的溝通。

二、屬於因地因時制宜的就放心的授權

除了某些特別的或不能見人的因素外，沒有一個企業集團的管理者懷抱賠錢的目的設立子公司，然而無數的管理者，實際的行為卻正是如此。

他們以各式各樣的理由要求事事逐級呈報核示，深怕子公司管理者出錯或失去掌握，被綁住雙手雙腳的管理者，施展活力受限，喪失應有的彈性和快速應變的效率，營運績效不如預期為意料中事。

沒有企業會笨到指派一位沒有本事和自主能力的人擔當子公司的營運重任，那麼就該授予他們充分的權力，可以審時度勢立即定奪反應。企業集團如果已訂有各子公司必須共同遵的營運規則和典範，集團管理者釋出權力就不會感到猶豫和不安。

三、視關係企業為一般的客戶和供應商，親兄弟明算帳

生意人遵奉何處有錢賺何處去的不變原則，所以也常被譏為商人無祖國。同樣的概念碰到關係企業時卻經常變了調，折價、硬塞、延遲給付、隨意挪移等，罔顧正常交易規則的方法不一而足。

關係企業雖然存在無法割捨的血緣關係，但不存在必然的交易關係，有遠見的管理者會將各關係企業視為一般往來的客戶或供應商，要求各憑真本事，依比較利益決定訂單歸屬，並一視同仁公平的爭取最適切的交易條件，如此各關係企業方能顯現它真實的能力和績效。當各子企業在彈性、活力和效率上和單一個體的小企業沒有兩樣時，企業集團的豐富資源和鮮明的企業形象，如虎添翼產生綜合效益，讓對手忘塵莫及。

四、訂定關係企業彼此之間企業集團與關係企業間互動的標準作業程序

作業方式因人、因事、因地而異，這種非制度化的運作方式，是企業集團逐漸喪失效率的重要因素之一。企業總是以增聘一群龐大的幕僚來處理母子企

業間原本不應存在的問題，幕僚的努力既和直接生產力無關，又無固定模式，連評估效益都不容易。

企業集團宜視各子公司彷如單一企業體內的功能部門，共同制定彼此可接受的標準作業程序，當大部份的事情可以在固定的軌跡內運作時，問題與幕僚將大幅減少，效率自然浮現。

完善的交通規則與設施，可以保持舒暢的運輸，歷史悠久的鐵路運輸至今仍受大眾喜愛與信賴，原因就在限定範圍內的秩序所帶來的效率和便利。

五、以資訊工具建構完整的神經網絡

當訊息傳遞速度緩慢、訊息中斷或缺漏，就個人而言表現在行為上是行動遲緩，在企業則是效率低落。效率是企業獲利的重要因素之一，失去效率意味著失去利潤，完善的資訊系統可以有效的強化各種營運訊息傳遞的速度與正確性，對跨地域跨領域關係企業眾多的企業集團尤其重要。

企業間訊息的傳遞有固定的內容、對象、路徑和資訊正確的要求，其中蘊含著最適切的作業程序、效率要求、績效評比與反應速度等管理意含，共同構築成一個周密的系統，經慎密規劃可以稱心如意運用的資訊系統，可使龐大企業集團的各分枝機構，都恍如天涯若彼鄰的近在咫尺，聯繫、溝通和即時反應仍可保有小企業般的靈活有效。

除此而外，明確的策略方向和各關係企業的角色定位，是選擇運用上述方法前的基本前提。

64 企業集團的擴張策略

謹慎花錢的人有一天可能成為巨富，任意揮霍的巨富卻絕大部份以一貧如洗潦倒落魄終其一生。

任意揮霍的骨子裡基本上欠缺抗拒誘惑的自制力，能抗拒誘惑的強度成為判斷個人行事謹慎與否的重要依據。

對企業集團而言，誘惑、自制力、謹慎和結果之間的關係依然適用，只是誘惑的內容成為企業排名、世俗的諂媚與明星式的崇拜，這些錢財以外的虛名，讓企業集團的管理者失去自制力，在自信心的作祟下做出草率的決策，大企業賴以維持營運永續發展的重要元素：謹慎和穩健被棄置一旁，逞一時之快的結果，回報給企業集團的經常是長時間復元所帶來的痛楚。

企業集團在花錢投資的時候，為什麼會從草創期小企業的謹慎轉變為企業集團的揮霍？最大的原因是資金的籌措相對於小企業而言既多又容易。

企業集團既有的良好形象讓投資者輕信其計劃與說詞，這些未經辛苦、長期累積，而是短期較易募集到的大筆資金，運用起來就缺少了一份謹慎的心；加上以往成功的經驗成為自大的溫床，應有的戒慎恐懼因而鬆弛消散；虛名的誘惑則成為破除決策者最後一道防線的利刃。

小企業抓住機會勇於冒險而成為大企業，雖然冒險成功的機率低於百分之一，對小企業主而言失敗幾乎沒有風險，因為他本來就近乎一無所有。當這些冒險家成為企業集團的擁有者後角色丕變，再也不能毫無所懼、豪氣干雲的冒險，因為冒險成功的機率仍然微小，但此時的風險卻無限的巨大；他可能因此喪失數十年來辛苦建立的全部基業，所以企業集團的擴張策略，只能採行謹慎、穩健的模式，他再也不能重溫早期創業時的冒險、刺激和享受收成的快意。

謹慎穩健的擴張策略得同時符合下述的四個先決條件：

一、資金

對企業集團而言，只要有好的構思和計劃，在集團成功形象的加持下，募集資金基本上不成問題，也是最容易滿足的條件。

二、制度

一套成熟運作的制度和快速複製的機制未必是企業集團所必然擁有。它包含單一事業體內共通性的運作模式和關係企業集團間往來的規範，並具備了作業程序內全部的要項，如此才可藉由複製快速的移轉給新事業體，帶來學習時間縮短的效益。

許多的企業集團依賴管理階層的勤奮和決策者獨到的眼光撐起營運大纛，當某些新設立的子公司不能延續母公司的管理精髓，績效持續不佳時，衍生的問題可能纏住企業集團的管理者或其他單位的重要主管，耗費他們大部份的心力，顧此難免失彼，連帶影響企業母體的正常表現，遂漸漸的進入惡性循環的漩渦中。因此管理制度不夠完善、複製機制付諸厥如的企業集團，擴張的腳步就得放慢，並多花點心力構建較完備的管理制度。

三、人才

快速的回收資本是企業對投資者應盡到的基本責任，只有一流的經營人才才能滿足這樣的要求，所以企業集團在任命新事業單位的管理者時，當然得挑選能力與經驗俱佳的經營長才，由內部拔擢通常是最優先的考量，但也常因此犯了以偏概全的缺點。

被拔擢者經常只是在某一功能領域有傑出的表現，卻極度的欠缺全方位的管理能力，於是新事業體蹣跚學步久久不能步人正軌，期間所造成的龐大損失，成為訓練人才最昂貴的學費。

當內部無堪重任的人才時，向外以高薪徵求幹才是唯一的選擇，相對於用人不當所遭致的損失，付出的高昂薪資實不足道。對特意培養的候選人，可以擔任副手的方式邊做邊學，學成後機會降臨自然水到渠成，內外成熟人才的交互為用，企業集團不會偏離謹慎穩健的主軸。

四、機會

機會俯拾皆是，但得符合自身的條件才是好機會，許多企業集團的擁有者仍然沿襲創業早期的決策模式，憑藉個人的直覺判斷機會的好壞，並因過於自信而跌跤。事實上任何的機會皆可藉由專業投資團隊廣泛深入的剖析，顯現出機會中隱藏和衍生的問題、風險和效益，當這些帶有數據資料客觀而周全的分析，呈現出機會的正反面時，可以協助企業集團的擁有者做出正確的決策並控制風險。

培養專業的投資團隊和建立投資標準作業程序，避免獨斷獨行是企業集團可長可久永續發展不可缺少的。

倘若企業集團有充裕的資金，但制度和人才均尚未成熟，若欲擴張版圖，購併是最好的選擇。因為企業集團的綜合管理能力，不足以讓被購併的企業振衰起敝，因此選擇各方面表現都優越的公司納入旗下是最佳的策略，它不需要企業集團耗神就能帶來擴張的帳面效益，同時引進某些優良的觀念、制度和人才，加速企業集團整體管理能力的升級，達到一加一大於二的效果，一石而數鳥。

如果採取相反的策略以比較便宜的價格，購入一家衰退中的公司，企業集團就得斟酌自己是否具備較完整的制度、管理能力和人才，並確保被併購的企業會心悅誠服的接受改變和接納不同的文化，以及新任命的管理者有本事融入被購的公司但不被劣化。談到保證就給人過度自信和荒謬的聯想，唯有謹慎和穩健可避免陷入如惡夢般卻後悔莫及的困境。

不當的擴張始終是企業集團由鼎盛走向衰退的禍首，也越發的突顯謹慎穩健對企業集團的重要。

BOSS館02　PI0019

不改革，就淘汰！
談企業變革與核心競爭力

作　　者／施耀祖
責任編輯／林泰宏
圖文排版／王思敏
封面設計／王嵩賀

發 行 人／宋政坤
法律顧問／毛國樑　律師
印製出版／秀威資訊科技股份有限公司
114台北市內湖區瑞光路76巷65號1樓
電話：+886-2-2796-3638　傳真：+886-2-2796-1377
http://www.showwe.com.tw
劃撥帳號／19563868　戶名：秀威資訊科技股份有限公司
讀者服務信箱：service@showwe.com.tw
展售門市／國家書店（松江門市）
104台北市中山區松江路209號1樓
電話：+886-2-2518-0207　傳真：+886-2-2518-0778
網路訂購／秀威網路書店：http://www.bodbooks.com.tw
國家網路書店：http://www.govbooks.com.tw
圖書經銷／紅螞蟻圖書有限公司
114台北市內湖區舊宗路二段121巷28、32號4樓
電話：+886-2-2795-3656　傳真：+886-2-2795-4100

2012年3月BOD一版
定價：250元

國家圖書館出版品預行編目

不改革,就淘汰!談企業變革與核心競爭力 / 施耀祖著.
-- 一版. -- 臺北市 : 秀威資訊科技, 2012.03
面； 公分. -- (BOSS館 ; PI0019)
BOD版
ISBN 978-986-221-905-8(平裝)

1. 企業經營 2. 企業策略

494.1 100027848

讀者回函卡

感謝您購買本書，為提升服務品質，請填妥以下資料，將讀者回函卡直接寄回或傳真本公司，收到您的寶貴意見後，我們會收藏記錄及檢討，謝謝！

如您需要了解本公司最新出版書目、購書優惠或企劃活動，歡迎您上網查詢或下載相關資料：http:// www.showwe.com.tw

您購買的書名：________________________________

出生日期：________年________月________日

學歷：□高中（含）以下　□大專　□研究所（含）以上

職業：□製造業　□金融業　□資訊業　□軍警　□傳播業　□自由業

□服務業　□公務員　□教職　□學生　□家管　□其它_____

購書地點：□網路書店　□實體書店　□書展　□郵購　□贈閱　□其他

您從何得知本書的消息？

□網路書店　□實體書店　□網路搜尋　□電子報　□書訊　□雜誌

□傳播媒體　□親友推薦　□網站推薦　□部落格　□其他__________

您對本書的評價：（請填代號　1.非常滿意　2.滿意　3.尚可　4.再改進）

封面設計____　版面編排____　內容____　文／譯筆____　價格____

讀完書後您覺得：

□很有收穫　□有收穫　□收穫不多　□沒收穫

對我們的建議：________________________________

____

____

____

請貼
郵票

11466
台北市內湖區瑞光路 76 巷 65 號 1 樓

秀威資訊科技股份有限公司 收

BOD 數位出版事業部

（請沿線對折寄回，謝謝！）

姓　　名：＿＿＿＿＿＿＿＿ 年齡：＿＿＿＿ 性別：□女　□男

郵遞區號：□□□□□

地　　址：＿＿＿＿＿＿＿＿＿＿＿＿＿＿＿＿

聯絡電話：(日) ＿＿＿＿＿＿＿＿ (夜) ＿＿＿＿＿＿＿＿

E-mail：＿＿＿＿＿＿＿＿＿＿＿＿＿＿＿＿